科技农业
高效农业

果树套袋

——实用技术——

主　编　杨宝山　范雪莹

副主编　张玉杰　李　欣

编　委　孙国梅　印文俊　田茂喜　范兵兵

　　　　　王少君　陈永春　程晶晶　黄宝珍

科学技术文献出版社
SCIENTIFIC AND TECHNICAL DOCUMENTATION PRESS
·北京·

图书在版编目(CIP)数据

果树套袋实用技术/杨宝山,范雪莹主编.—北京:科学技术文献出版社,2013.9

ISBN 978-7-5023-7290-3

Ⅰ.①果… Ⅱ.①杨… ②范… Ⅲ.①果树园艺-套袋法 Ⅳ.①S66

中国版本图书馆 CIP 数据核字(2012)第 081882 号

果树套袋实用技术

策划编辑:孙江莉 责任编辑:孙江莉 责任校对:张吲哚 责任出版:张志平

出 版 者	科学技术文献出版社	
地 址	北京市复兴路 15 号 邮编 100038	
编 务 部	(010)58882938,58882087(传真)	
发 行 部	(010)58882868,58882874(传真)	
邮 购 部	(010)58882873	
官方网址	http://www.stdp.com.cn	
发 行 者	科学技术文献出版社发行 全国各地新华书店经销	
印 刷 者	北京时尚印佳彩色印刷有限公司	
版 次	2012 年 10 月第 1 版 2013 年 9 月第 2 次印刷	
开 本	850×1168 1/32	
字 数	159 千	
印 张	6.75	
书 号	ISBN 978-7-5023-7290-3	
定 价	16.00 元	

前　言

　　果实套袋技术是指将幼果套于特制的果实袋内,在生长期对果实进行保护的一项农业技术措施。此技术自 20 世纪 80 年代引进我国后,历经多年的试验研究、推广示范,已广泛用于多种果实生产上,并形成了一整套比较完整的综合技术体系,成为当今提高果实品质和降低水果农药残留量的先进技术之一,也是当前发展绿色果品不可缺少的技术环节。

　　果实套袋可改善果实着色,使果实外观美观,提高果面光洁度及光泽,增加商品价值;在果袋的保护之下,不仅最大限度地避免了雹灾、昆虫、鸟类等为害,也阻止了农药、尘土等直接接触果面,避免了生长过程中的污染和伤害,同时农药残留量的降低,使果实达到"绿色食品"标准;果实套袋控制了留花留果,合理控制了树体负载量,保证了营养物质的充分供应和有效利用,提高了商品率和单位面积产量。当然果实套袋还存在着降低果实糖度,增加日灼、缺钙等生理病害发生的可能性,引发某些果实病虫害(如黑点病等),套袋费时费工等不利方面。但在目前果实套袋利大于弊的情况下,应该大力宣传和推广应用果实套袋技术。

　　实践证明,果实套袋是一项投资少、操作简便、易于推广的实用技术,已得到广大果农的普遍接受和认可。但要"套"出优质的水果,可就有一定的学问了。笔者根据多年来的实践经验,并组织

I

了相关人员在总结国内果树套袋实际操作技术的基础上，对苹果、梨、桃、石榴、猕猴桃、葡萄、柑橘、芒果、香蕉、荔枝十种果树如何"套"作优质水果进行了详尽的阐述，可供广大果农、果树技术人员及相关人员实际操作前阅读参考。

编　者

目　录

第一章　苹果套袋技术 …………………………………… 1

一、套袋前的树体管理 …………………………… 1

二、套袋技术 …………………………………… 6

三、套袋后的管理 ……………………………… 11

四、脱袋前后的管理 …………………………… 23

五、采收与包装 ………………………………… 27

第二章　梨果套袋技术 …………………………………… 34

一、套袋前的树体管理 ………………………… 34

二、套袋技术 …………………………………… 38

三、套袋后的管理 ……………………………… 42

四、脱袋前后的管理 …………………………… 52

五、采收与包装 ………………………………… 52

第三章　桃果套袋技术 …………………………………… 59

一、套袋前的树体管理 ………………………… 59

二、套袋技术 …………………………………… 63

三、套袋后的管理 ……………………………… 64

四、脱袋前后的管理 …………………………… 75

五、采收与包装 ………………………………… 77

第四章　石榴果套袋技术 ………………………………… 81

一、套袋前的树体管理 ………………………… 81

二、套袋技术 …………………………………… 84

1

三、套袋后的管理 …………………………… 86

四、脱袋前后的管理 ………………………… 90

五、采收与包装 ……………………………… 91

第五章　猕猴桃果套袋技术 ……………… 93

一、套袋前的树体管理 ……………………… 93

二、套袋技术 ………………………………… 95

三、套袋后的管理 …………………………… 96

四、脱袋前后的管理 ………………………… 103

五、采收与包装 ……………………………… 103

第六章　葡萄套袋技术 …………………… 106

一、套袋前的树体管理 ……………………… 106

二、套袋技术 ………………………………… 108

三、套袋后的管理 …………………………… 110

四、脱袋前后的管理 ………………………… 122

五、采收与包装 ……………………………… 123

第七章　柑橘类果实套袋技术 …………… 127

一、套袋前的树体管理 ……………………… 127

二、套袋技术 ………………………………… 129

三、套袋后的管理 …………………………… 131

四、脱袋前后的管理 ………………………… 139

五、采收与包装 ……………………………… 140

第八章　芒果套袋技术 …………………… 148

一、套袋前的树体管理 ……………………… 148

二、套袋技术 ………………………………… 150

三、套袋后的管理 …………………………… 151

四、脱袋前后的管理 ………………………… 159

五、采收与包装 ……………………………… 159

第九章　香蕉套袋技术 ………………………………… 163

一、套袋前的树体管理 …………………………………… 163

二、套袋技术 ……………………………………………… 170

三、套袋后的管理 ………………………………………… 172

四、脱袋前后的管理 ……………………………………… 179

五、采收与包装 …………………………………………… 179

第十章　荔枝果套袋技术 ……………………………… 181

一、套袋前的树体管理 …………………………………… 181

二、套袋技术 ……………………………………………… 185

三、套袋后的管理 ………………………………………… 186

四、脱袋前后的管理 ……………………………………… 195

五、采收与包装 …………………………………………… 195

附录　石硫合剂及波尔多液的配制 …………………… 199

一、石硫合剂的熬制及使用方法 ………………………… 199

二、波尔多液的配制及使用方法 ………………………… 201

参考文献 ………………………………………………… 203

第一章　苹果套袋技术

苹果套袋要选择商品性好、国内外市场需求量大、经济效益较好、且有较大栽培面积的优良品种,如红富士、红星、黄香蕉、红将军、红元帅、嘎拉、粉红女士、津轻、美国八号、乔纳金、金帅等品种。

套袋可极大地改善苹果的着色状况,使苹果着色均匀,果面光洁,卖相好。套袋后果实与外界隔离,病菌和害虫入侵机会减少,可有效防治轮纹病、炭疽病、桃小食心虫等病虫的为害,减少农药的污染。套袋后的苹果,表皮不易失水,角质层分布均匀,并且减少了病、虫侵害,提高了苹果的耐贮性能。

一、 套袋前的树体管理

进行套袋的苹果树,与无袋栽培果树相比,在管理技术上有许多不同之处。套袋前的果树管理应着重加强整形修剪、疏花疏果、病虫防治以及选择纸袋等方面的工作。

1. 树体选择

套袋的对象一般选择生长在土壤比较肥沃、群体结构和树体结构较好、树体不太高大、树体健壮、病虫害发生轻、花芽饱满、树龄较小的树体(如果选择的树体较弱,套袋后会发生灼果现象,套袋效果比不套袋效果更差)。

2. 芽前病虫害防治

早春萌芽前喷布 3～5 波美度的石硫合剂,杀灭越冬病菌和害

1

虫,尤其对黄粉蚜、康氏粉蚧、红蜘蛛等效果明显。

3. 套袋前的肥、水管理

苹果套袋后由于纸袋的遮光,致使苹果含糖量下降且易发生缺素症(如易发生缺钙症),因此,套袋苹果树施肥量要高于无袋栽培苹果树,同时加大微量元素肥料的施用量。在肥料种类上应减少氮素化肥用量,增加磷、钾肥用量,氮、磷、钾比例应以 1∶0.5∶1 为好。没有来得及秋施基肥的在开春土壤解冻后及时施足农家肥。

(1) 追芽前肥:在增施基肥的基础上,为充分满足果树生长发育的需要,应及时合理的在果树萌芽前 1~2 周追施氮肥,以满足果树开花、坐果和新梢生长对养分的需求,施用量应占全年氮肥总用量的 20%。

(2) 浇花前水:结合芽前追肥进行浇水,使土壤含水量维持在田间最大持水量的 70%~75%。此期灌水还能降低地温,延迟开花,避免晚霜冻。施肥过晚,肥劲推迟,5 月下旬花芽形成期树体停长晚,成花效果差。

另外,套袋果树树堰要用镐深翻松土,使树下活土层深度至少达 80 厘米,以便存蓄雨水。但土壤中水分含量过多易发生涝害,造成土壤中空气含量太少,根系处于缺氧窒息状态,吸肥吸水能力受阻,轻者叶片光合作用下降,重者造成烂根,甚至出现死树现象。因此,果园应开挖排水沟,尤其在地势低洼和容易积涝的果园,更要做好排涝工作。套袋果园还宜采用生草以提高土壤有机质含量,改善土壤团粒结构,改善果园小气候条件,调节土壤养分和水分供应。适宜的草种为白三叶草、扁茎黄芪、百脉根、黑麦草等抗旱草种,草长高后要及时刈割。

4. 人工授粉

苹果是异花授粉结实的果树,在自然条件下,靠昆虫、风为其传粉。若在花期遇到阴雨、低温、大风及干热风等不良天气,会严重影响授粉。实践证明,人工授粉可以明显提高坐果率和果实品质。

(1) 采粉树的选择:应选择亲合力强的品种作为授粉树。富士、红星、金冠、烟青等品种可互为授粉树。不要用同一品种群做授粉树,如元帅与红星、红富士与普通富士,采用混合花粉效果最好。陆奥、北斗、乔纳金等三倍体品种不能作采粉树。

(2) 花粉的采集:在授粉前2~3天,从合适的授粉品种上采集含苞待放的铃铛花,装入事先备好的纸箱中,当天带回室内。采花可在上午露水干后进行,花多的树多采,花少的树少采或不采;弱树多采,强树不采;外围多采,内膛少采。采花应以边花为主,一个花序采边花1~2朵即可,这样既不减少授粉树的梢头果,也不致因采花过多或采花不当而影响授粉树的产量。一般10千克鲜花可出鲜花药1千克、干花药0.2千克,可满足8~10亩*盛果期苹果授粉的需要。

(3) 花粉的制取:采集的花朵不要堆积,要及时剥去花瓣,取出花药。采集花药,既可人工采集,也可以用机器采集。

① 人工取药

Ⅰ.阴干取粉:将花药均匀摊在光滑洁净的纸上,放在相对湿度60%~80%、温度20~25℃的通风房间内,2天左右即可自行开裂,散出黄色花粉。

Ⅱ.筛子取粉:将花朵放在铁筛子中,下面垫上白纸,然后用手搓铁筛子中的花朵,花药将全部撒落到白纸上。

Ⅲ.火炕增温取粉:在火炕上垫一层厚纸板,放上光滑洁净的白纸,纸上平放一支温度计,将花药均匀摊在上面,保持温度在22~25℃,每昼夜翻动2~3次,一般1~2天即可。

＊1亩=666.67平方米。

3

Ⅳ. 温箱取粉:找一纸箱,箱底铺一张洁净的纸板,先将花药放在小纸盒内,再依次放入大纸箱中。大纸箱内挂一只干湿球温度计,用 25 瓦或 40 瓦的电灯泡保持温度。电灯吊在纸箱上部,不要离花药太近,防止灼伤。箱内放一碗水,保持湿度。箱顶盖报纸,温度保持在 20～25℃,温度过高换小灯泡或短时熄灯;过低时,要将箱口盖严,换大灯泡(40 瓦),湿度保持在 40%～50%,经 12 小时花药即可全部开放,散出花粉。花粉取出后,随即用鸡毛翎扫起。

② 机器取药:用剥花机取粉时将花朵从机器顶部的漏斗放入,转动手柄,由机内的毛刷将花药扫落,通过下部出口将花药收起来。

③ 盛装:干燥好的花粉用细箩过筛装入干燥的玻璃瓶中,放在阴凉干燥的地方备用。

(4) 授粉:苹果花人工授粉的时间为初花期到盛花期,单朵花以花瓣开放当天和第 2 天为最佳授粉时间。一天中以无风、微风、晴天上午 9 点至下午 4 点为宜。由于苹果花朵常分批开放,特别是在花期气温较低时,花期往往拖延很长,因此要及时分期授粉,开一批授一批,一般于初期和盛花期授粉两次效果比较好。

① 授粉方法:苹果人工授粉方法常用花粉袋撒粉和液体授粉两种方法。

Ⅰ. 花粉袋撒粉:将花粉按照 1:50 的比例加入淀粉或滑石粉稀释,装入 2～3 层的纱布袋中,用竹竿挑着,在树冠上方和内膛轻轻振动,使花粉均匀落下。

Ⅱ. 液体授粉:将花粉研细过筛,每 1 千克水加花粉 2 克、白糖 50 克、尿素 3 克、硼砂 2 克,配成悬浮液。配制时,先将 250 克的白糖与水搅拌均匀,配成 5% 的溶液,同时加入尿素,然后加入干花粉调匀。搅拌后用两层纱布滤去杂质,配好后立即用超低量喷雾器喷雾,随配随用。放置时间不要超过 2 小时,时间过长,花粉会在溶液中发芽,容易失效。由于糖液黏性大,容易堵塞喷头,所以喷雾时要每隔 2 小时用清水冲洗 1 次喷头,以便于授粉的顺利进行。

② 注意事项:授粉时,要从树冠上下、内外逐枝授粉,要把花粉蘸到柱头上;花期出现低温或高温干燥天气,可在之前全园灌水,延迟花期,或者通过树上喷水减轻低温冻害,如遇霜冻,可在来临之前进行果园熏烟防冻;花期轻微受冻后,可及时喷 90％赤霉素 8000～10000 倍液＋硼砂 1000 倍液,有利于提高坐果率。

5. 花期喷肥

苹果的生理落果主要是因树体的储藏营养不足造成的,因此,应在花期和幼果期适量补充速效氮肥,可在花期和幼果期各喷一次 0.3％的尿素,或在花期喷两次 0.3％的硼砂混加 0.3％的尿素。

6. 合理疏果

合理疏果,可以节省大量养分,使树体负载合理,提高果品质量,保持树势,保证丰产稳产,防止出现大小年现象。

(1) 疏果时间:人工疏果从落花后 7～10 天开始,于落花后 1 个月内完成。开花较早、坐果率高的品种以及肥水管理差、病伤严重、挂果多、树势较弱的可早疏;开花晚、坐果率低、生理落果重的品种和结果少的树可适当晚疏。

(2) 留果量标准:大型果品种如元帅、红富士等每隔 20～25 厘米留 1 个果台,每台只留 1 个中心果,弱树弱枝每 25 厘米留 1 个果,小型果品种每台可留 2 个果。对于每个幼果的去留,应综合考虑其大小、形状、果皮光洁度、着生位置、果台副梢等各项因素来决定。通常疏除果型不正、病虫为害、果面不光洁、向上生长、个头较小的幼果,保留形状端正、果面光洁、下垂或侧生的大果。一般中心花坐果较好,多保留。果台上没有抽出副梢的,果实难于长成大果,通常疏除。果台上抽生的副梢较壮,果实可充分发育,通常保留。

如果前期疏花疏果时留量过大,到 7 月上、中旬时可明显看出超负荷,此时要坚决进行后期疏果。据报道,后期疏果不仅不会减产,而且能够提高产量和品质,增加产值。

二、套袋技术

1. 果袋选择

目前,果实套袋用的纸袋很多,购买时可根据当地的销售情况选择。

(1) 要根据不同色泽的品种选用不同的果袋: 应根据果实着色的类型、是否容易着色、大小、果形等确定果袋类型(图 1-1)和大小。

图 1-1 苹果袋

对难着色的红色品种(如红富士、红将军等)宜选用外袋外表为黄色或灰色,里表为黑色,内袋为红蜡纸的纸袋。

对易着色的红色品种(如新红星、嘎拉、新乔纳金等)可选用双层袋(外袋外表为灰色,里表为黑色),也可选用单层袋(外表为灰色,里表为黑色)。

对黄色品种(如黄香蕉、金冠等)可选用透光性能好的蜡质黄色条纹单层袋。

对大型果品种宜选用外袋长宽为 190 毫米×150 毫米的果袋,对小型果品种宜选用外袋长宽为 180 毫米×140 毫米的果袋。

选择纸袋时,不要用报纸制的纸袋。因为报纸袋不仅含有大量的铅,而且纸质脆、不耐水,经风吹日晒和雨淋后易破碎,而且还易粘在果皮上,除袋时不易去净,影响着色。

(2) 鉴别苹果纸袋质量的方法

① 用太阳光穿透法测验纸袋的遮光性:选一纸袋,袋底对着太阳光,从袋口观察太阳光穿透纸袋的情况。若太阳光穿透性差,说明纸袋遮光性好;否则,纸袋遮光性差。纸袋遮光性的好坏,决定摘袋后苹果着色的速度和程度。

② 用水浇注法测验纸袋的防水性:用水浇注纸袋,若水在纸袋上形成水珠滚动,表明纸袋吸水性差,防水性好;若水在纸袋上弥散,表明纸袋吸水性强,防水性差。纸袋的防水性可决定纸袋耐雨水冲刷的强度,决定纸袋的使用寿命,也影响到腐生菌或弱寄生菌对果实的侵染。

③ 用撕裂法、火烧法和手搓法测验纸袋的强度。

Ⅰ. 撕裂法:横撕纸袋,有毛茬的为木浆纸,强度高;若撕裂口整齐没有毛茬,则为草浆纸或木浆成分少,强度低。

Ⅱ. 火烧法:火烧后,纸灰成型不散碎的,纸质好;纸灰碎而不成形的,纸质差。

Ⅲ. 手搓法:把纸袋浸泡在水中一段时间,取出后用两手对搓,不起毛或耐搓的,表示纸质好。

(3) 优质果袋的标准:果袋的质量决定于袋纸的质量和制作工艺。优质苹果果袋的规格和质量要求主要有以下几个方面。

① 外袋:外纸质地柔软,强度好,不易裂碎;有较好的疏水性、

遮光性、透气性；耐风吹、日晒和雨淋，不渗水。

② 内袋：内袋涂蜡均匀，熔点适当，遇高温不熔；隔水性好、不褪色；内外袋分离，粘胶严密。

③ 袋口纵切口和透气口完好。

2. 套袋时间

套袋时间要根据当地气候和果实生长情况而定。早熟品种如嘎拉、新红星、早生富士等宜在谢花后 30 天开始套袋，最好半个月内结束，一定不要套得过晚，过晚果实脱绿不彻底，脱袋后影响果实着色。晚熟品种如红富士宜在谢花后 35～40 天开始套袋。黄色品种为防止产生果锈，套袋应在果锈发生前进行，一般在谢花后 20 天开始套袋。

一天中的套袋时间应以上午 9－11 时及下午 2－6 时为宜。

3. 套袋方法

(1) 套袋前的准备

① 套袋前喷药：果实套袋是生产无公害水果的必须措施，果实套袋不但可以有效预防病虫对果实的为害，减少农药次数，光洁果面，而且还能降低农药残留，促进果实着色，从而提高果实的商品性。但有些病虫在套袋前就已经侵染果实，如果不将其消灭，套袋后果实不直接接触农药，已侵染病虫就会在袋内继续为害果实，失去套袋的意义。

苹果落花后至套袋前，随着气温的升高，各种病虫害已经开始发生或有部分病虫害将要大发生，抓住这一时机防治病虫害，把病虫害的基数压低，这对苹果的高产优质以及提高苹果的内在品质有着极其重要的作用。这段时间对苹果树为害十分严重的病虫害主要有蚜虫、卷叶蛾、金纹细蛾、红蜘蛛、棉铃虫、斑点落叶病、褐斑病、套袋苹果黑点病等。

苹果套袋适宜开始时间为谢花后 20～30 天,落花后至套袋前要进行 3 次用药,第 1 次用药时间为落花后 7～10 天,间隔 10 天第 2 次用药,再间隔 10 天第 3 次用药后进行果实套袋。实践证明,花后喷 3 遍药套袋防病效果要好于 2 遍药套袋。

第一次用药:可选果隆 12000 倍或导施 10000 倍＋虫清四号 8000 倍＋剑力通 3000 倍,或丽致 1000～1200 倍＋盖利斯 600 倍,或重钙 2000～2500 倍＋柔水通 4000 倍。

第二次用药:这次用药是防治棉蚜的关键时期,同时对于前期清园不理想的果园还要重点防治蚧壳虫以及预防套袋果实的黑点病,所以杀虫剂首选安民乐。安民乐 1000 倍＋虫清四号 8000 倍＋剑力通 3000 倍,或丽致 1000～1200 倍＋盖利斯 600 倍,或重钙2000～2500 倍＋柔水通 4000 倍。

第三次用药:是套袋前最后一次用药,是预防套袋苹果各种果面问题的关键。杀菌剂一般选用两种,保护剂加治疗剂,用药之后 2～3 天选择质量好的果袋进行套袋,最好当天上午喷,下午套袋(若套袋时间拉得过长或套袋期间遇有较大降雨时,应对还未套袋树再行喷布杀菌剂 1 次)。可选导施 10000 倍＋虫清四号8000 倍＋剑力通 3000 倍或丽致 1000～1200 倍＋高生 600 倍＋盖利斯 600 倍或重钙 2000～2500 倍＋柔水通 4000 倍。

注意套袋前不能喷布甲胺磷、1605、敌敌畏、氧化乐果、代森锰锌、含铜、硫、砷及劣质乳油制剂。

② 套袋前浇水:据观察,套袋前 3～5 天浇过水的果园,日灼果很少,没有浇水的果园日灼果就比较严重。因此,套袋前 3～5 天要浇一遍水,以防发生日烧病。

③ 果袋准备:在套袋前 1～2 天将整捆纸袋袋口向下倒竖在潮湿处,使袋口潮湿、柔软,以方便扎紧袋口。

(2) 套袋方法:为了提高套袋效率,操作者可准备一围袋围于腰间放果袋,使果袋伸手可及。

取一叠果袋,果袋口向上放置,用左手捏住果袋口一端取出一个果袋后向上翻转,右手撑开袋口使袋体鼓胀,并捏一下袋底两角使袋底两角的通气孔(放水孔)张开,左手执袋口2～3厘米处,袋口向下,右手执果柄,套入果实(图1-2),套上果实后使果柄置于袋的开口基部(勿将叶片和枝条装入袋子内),然后从袋口两侧向果柄处挤摺,将捆扎丝扎紧袋口于折叠处,于线口上方从连接点处撕开将捆扎丝返转90°,沿袋口旋转1周扎紧袋口(不带铁丝的纸袋多用小型装订机封口),使幼果处于袋体中央,在袋内悬空,以防止袋体摩擦果面,不要将捆扎丝缠在果柄上。套袋时用力方向要始终向上,以免拉掉幼果,用力宜轻,尽量不碰触幼果,袋口也要扎紧,以免虫爬入袋内为害果实和防止纸袋被风吹落。

图1-2　果实套袋示意图

套袋操作顺序是先树冠上,后树冠下,先冠内,后冠外,防止碰落幼果。树冠上部及骨干枝背上裸露果实应尽量少套,以避免日烧。

套袋注意事项:

① 要选留结果部位好、果柄长、果型大且端正、无病虫害的果实进行套袋。每袋只套1果,不可1袋双果。

② 整个套袋过程中,不要用手触摸幼果,防止人为碰伤果皮。

③ 绑扎松劲要适当,不要用力过大,防止折伤果柄,拉伤果柄基部,或捆扎丝扎得过紧影响果实生长,或过松导致刮风时果

实脱落。

④ 袋口不能扎成喇叭口状,以防积存雨水、药物流入袋内或病虫进入袋内,也不要把叶片套入袋内。

⑤ 套袋时,通气放水口一定要张开,果实一定要处于袋子中部,防止袋体摩擦果面。

⑥ 套袋期遇雨或药后 6 天未套完者,应重新细致喷药。

⑦ 露水未干或药液未干时不能套袋。

⑧ 果实套袋最好全园、全树套袋,便于套袋后的集中统一管理。若要部分套袋则要选择初盛果期的中庸或中庸偏强树,不要选择老弱树、虚旺树、病树、孤树、风口树、小老树。

三、套袋后的管理

苹果果实套完袋后,部分果农放松了对树体的管理,致使病害发生流行,造成大面积落叶,严重影响了当年的果品质量和果品产量。因此,要加强苹果套袋后的管理以提高果品质量,增加经济效益。

1. 套袋后定期检查

(1) 检查果袋:根据降雨刮风天气情况,及时检查果袋口包扎状况。若袋口松懈,要重新认真扎好,纸袋破损的一定要换上新袋。否则将会造成残次果,失去商品价值。

(2) 顶吊果枝,理顺果实:随着果实的膨大增重,果实和果枝的生长位置发生了变化,要根据实际情况,将果实理顺使之下垂生长,避免与枝条摩擦。因果实负载量大而下垂堆集的果枝,务必要进行顶吊,以调整全树的通风透光条件。

(3) 摘除枯黄和受挤压叶片:果实套袋后,果台上的许多莲座叶因光照差而枯黄,或两果一起夹住叶片,此种情况最易滋生病虫害,应随时清除枯黄挤压叶片,保证枝枝见光,果果向阳,枝、叶、果健康生长。

2. 套袋后的肥、水管理

(1) 及时追肥:5月下旬至6月上中旬,可根据土壤、树势、树龄、产量决定追肥的数量和品种,一般在肥沃土质上追肥数量要小,突出磷、钾肥;瘠薄土质上要多沟多穴施入各种营养元素肥。旺树少氮多磷钾,弱树多氮增磷钾;幼树多氮轰条扩冠,大树稳氮增磷钾兼顾钙硼锌。一般按生产"千克果2~3千克肥"的标准施氮肥1千克、磷肥0.7千克、钾肥1.1千克的比例和数量施入。要避免生产上普遍存在的施肥数量不足、比例不对、施肥过晚的现象。

(2) 水分管理:水是果树丰产、稳产、优质的重要条件。套袋苹果易发生日烧病,因此,应严防干旱,浇水次数和浇水量应多于不套袋果园。

浇水应根据降雨、土壤缺水情况及果树需水规律而定,要掌握"随旱随浇"的原则。当土壤含水量达到田间最大持水量的60%~80%时,土壤中水分和空气状况最适合果树生长发育的需要,土壤含水量低于这个数值时说明土壤干旱缺水需要及时灌溉,高于这个数值时要及时排水。果园水分管理应根据树龄、树势、灌水时期及果园土壤类型灵活掌握,幼树、长势旺盛的树灌水量宜少,以抑制其旺长;老弱树、结果多的树适当多灌,以促进其生长。果园土壤性质与灌水的数量和次数有密切关系,沙土果园易漏水漏肥,灌水量要掌握"小水勤灌"的原则;黏土地保肥保水能力强,但透气性差,灌水量也不宜过大,防止土壤透气性更加恶化,可采取喷灌(在果园地下铺设输水管道系统,树冠上方或下方设喷水装置,像下雨一样湿润土壤,还可改善果园小气候)、沟灌(顺地势每隔1米左右挖宽40~60厘米,深20~30厘米的沟,通过沟向果树浇水。这种灌水方法用水量较少,不容易传播病害,不破坏土壤结构,是较好的灌水方法)、滴灌(围绕树干设置滴头,使水一滴一滴地滴入土中,使土壤保持湿润状态)、渗灌(在地下埋入渗水装置,使水分从土壤下层湿润土壤,这种灌水方法土壤水分通过地表蒸发量极小,是更为省水的灌水方法)等先进的灌水方法;盐碱地灌水量也不宜过大,防止连通地下水使盐分上泛,但用水洗盐时灌水量宜大;沙壤土透气性较好又有一定的保肥保水能力,可适当多灌。

另外,套袋苹果树叶面喷布磷酸二氢钾、稀土、苹果增大着色肥等可提高套袋果含糖量,增进其着色。

3. 夏季修剪

6～7月份,综合运用疏枝、摘心、拿枝、拉枝等夏剪方法,开张角度,控制强旺枝的生长,改善风光条件,促进果实膨大和优质花芽的形成。

4. 套袋后的病虫害防治

套袋后果实得到了纸袋的保护,但叶片仍然面临着腐烂病、轮纹病、炭疽病、斑点落叶病、褐斑病等病害,以及棉铃虫、康氏粉蚧、卷叶蛾、金纹细蛾、红蜘蛛等病虫的为害,而叶片是树体光合作用的重要器官,是果实营养的主要来源,因此树体的管理不能放松。

(1) 腐烂病:苹果腐烂病,俗称烂皮病、臭皮病,是我国北方苹果树的重要病害。

【发病症状】主要为害6年生以上的结果树,造成树势衰弱、枝干枯死、死树。有溃疡、枝枯和表面溃疡三种类型。

① 溃疡型:在早春树干、枝树皮上出现红褐色、水渍状、微隆起、圆至长圆形病斑。质地松软,易撕裂,手压凹陷,流出黄褐色汁液,有酒糟味。后干缩,边缘有裂缝,病皮长出小黑点。潮湿时小黑点喷出金黄色的卷须状物。

② 枝枯型:在春季2～5年生枝上出现病斑,边缘不清晰,不

隆起,不呈水渍状,后失水干枯,密生小黑粒点。

③ 表面溃疡型:在夏秋落皮层上出现稍带红褐色、稍湿润的小溃疡斑。边缘不整齐,一般 2～3 厘米深,指甲大小至几十厘米,腐烂,后干缩呈饼状。晚秋以后形成溃疡斑。

【发病规律】病菌以菌丝、分生孢子、孢子角、子囊壳及子囊孢子等在病死组织处、落皮层、叶痕、皮孔、果台等部位过冬,通过剪锯口、冻伤、脱落皮层、虫伤、创伤等伤口或皮孔、叶、果柄脱落处侵入,以分生孢子为主借风雨传播。1 年有两个扩展高峰期,即 3～4 月和 8～9 月,春季重于秋季。当树势健壮、营养条件好时,发病轻微。当树势衰弱、缺肥干旱、结果过多、冻害及红蜘蛛大发生后,腐烂病大发生。

【防治方法】腐烂病的防治应采取以加强管理、提高树体抗病力,及时清除病变组织和潜伏病菌等为重点,结合涂药保护和病斑治疗及防治枝干害虫等综合治理措施,才能收到良好的效果。此病易复发,夏秋应及时检查补治。

① 农业防治:增施有机肥料,及时灌水;薄地可围绕树盘扩坑改土,合理留果,注意排水等措施,以增强树势;及时清理剪除病枝、死枝,刮除病皮。地面铺塑料膜接剪下的残枝,然后集中在园外销毁。剪锯下的大枝不要码放在园内,不用病枝做支棍或架篱笆,以免病菌传播。

② 药物防治

Ⅰ.喷铲除剂:早春发芽前应全树喷 40% 福美胂可湿性粉剂 100 倍液。如果同石硫合剂喷药发生矛盾,可两种药隔年交替使用,铲除表面黏附和潜伏表层的病菌。

Ⅱ.刮治病斑:早春和晚秋刮净病斑烂部,刮成边缘立茬,然后涂药。可用 40% 福美胂可湿性粉剂 25～50 倍液,或福美胂系列的膏剂、膜剂,延长持效期,也可用菌毒清 5% 水剂 20～50 倍液,或托福油膏(甲基托布津:福美胂:凡士林油为 1:1:8)。

Ⅲ. 树干涂白:冬前树干涂白,有降低树皮温差、减少冻害和日灼的作用,对防治腐烂病有很好的作用。

Ⅳ."多效灭腐灵"防治:可在入冬前或发芽前的休眠期,以100倍液喷一遍或用50倍液涂一遍即可,此法防治效果比较好。

(2) 轮纹病:轮纹病是苹果枝干和果实的重要病害之一,常与干腐病、炭疽病等混合发生,为果品生产的重大威胁,近年有蔓延加重趋势。

【发病症状】该病为害枝干、果实,叶片受害较少。

枝干发病,初以皮孔为中心形成扁圆形、红褐色病斑。病斑中间突起呈瘤状,边缘开裂。翌年病斑中央产生小黑点(分生孢子器和子囊壳),边缘裂缝加深、翘起呈马鞍形。以病斑为中心连年向外扩展,形成同心轮纹状大斑,许多病斑相连,使枝干表皮显得十分粗糙,故又称粗皮病。

果实多于近成熟期和贮藏期发病。果实受害,初期以皮孔为中心形成水渍状近圆形褐色斑点,周缘有红褐色晕圈,稍深入果肉,很快形成深浅相间的同心轮纹状,向四周扩大,并有茶褐色的黏液溢出,病部果肉腐烂。后期在表面形成许多黑色小粒点,散生,不突破表皮。烂果多汁,有酸臭味,失水后干缩,变成黑色僵果。

【发病规律】病原菌以菌丝体、分生孢子器及子囊壳在被害枝干上越冬。翌春在适宜条件下产生大量分生孢子,通过风雨传播,从皮孔侵入枝干引起发病。轮纹病当年形成的病斑不产生分生孢子,故无再侵染。病菌侵染树干在"五一"后第一次雨,侵染果实是在7月中旬左右,8月下旬再次侵染果实,幼果受侵染不立即发病,病菌侵入后处于潜伏状态。当果实近成熟期或贮藏期,潜伏的菌丝迅速蔓延形成病斑。

【防治方法】在加强栽培管理、增强树势、提高树体抗病能力的基础上,采用以铲除越冬病菌、生长期喷药等防治方法。

① 农业防治：切忌用病区的枝干作支柱，亦不宜把修剪下来的病枝干堆积于新果区附近；加强肥水管理，合理疏果，严格控制负载量。

② 药物防治：在"五一"左右第一次降雨后，使用轮纹一号（唐山市农业科学院生产）特效杀菌剂 400 倍喷雾防治 1 次，可收到事半功倍的效果，而且可保护树势。

苹果在套袋之前，喷施 1 次轮纹一号特效杀菌剂 400 倍液，喷雾防治 3 次（每 15 天喷 1 次）；在摘果前 5～7 天再喷雾防治 1 次（套袋果实要摘除果袋），防治效果即可达到 90％以上。

果实贮藏运输前，要严格剔除病果以及其他有损伤的果实。健果在仲丁胺中浸 3 分钟，或在 45％特克多悬浮剂中浸 3～5 分钟，或在 80％～85％乙膦铝中浸 10 分钟，捞出晾干后入库可较好地控制该病的发生。

（3）炭疽病：苹果炭疽病又称苦腐病、晚腐病，我国大部分苹果产区均有发生，在夏季高温、多雨、潮湿的地区发病尤为严重，是苹果上重要的果实病害之一。

【发病症状】果表面初现淡褐色小圆斑，扩展成深褐色、边缘清晰、下陷的圆斑。病部果肉呈漏斗状向果心软腐，褐色，有苦味。病斑直径 1～2 厘米时，中心部位长出轮纹状排列的小黑点，隆起，突破表皮，涌出红色黏液。数斑融合，全果腐烂。

枝条、果台表皮出现深褐色、不规则形病斑，略凹陷。斑表面产生小黑点，后期溃烂、龟裂、木质部裸露，病枝抽条枯死。

【发病规律】以菌丝在病果、果台、干枝、僵果上越冬。春季产生分生孢子，借风雨、昆虫传播。幼果自 7 月开始发病，每次雨后均有 1 次发病高峰，烂果脱落。果实生长后期为发病盛期，贮藏期继续发病烂果。一般密植园、低洼黏土地、排水不良或果树生长郁闭的果园发病较重。病菌可在洋槐上越冬，果园周围植有洋槐则病重。

【防治方法】

① 农业防治:结合冬剪,清除枯死枝、病虫枝、干枯果台及僵果并烧毁。生长期发现病果及时摘除,集中深埋或烧毁。果园内不种高秆农作物,园外不植刺槐。合理施用氮磷钾肥,避免偏施氮肥。

② 药物防治:病重果园,苹果发芽前喷 1 次 5 波美度石硫合剂。生长期,从幼果期(5 月中旬)开始喷第一次药,每隔 15 天左右喷 1 次,连续喷 3～4 次。还可选用 30％炭疽福美、64％杀毒矾、70％霉奇洁、80％普诺等。在果实生长初期喷布无毒高脂膜,15 天左右喷 1 次,连续喷 5～6 次,保护果实免受炭疽病菌侵染,效果也很好。

(4) 斑点落叶病:本病又称褐纹病,在各苹果产区都有发生,以渤海湾和黄河故道地区受害较重,是新红星等元帅系苹果的重要病害。造成苹果早期落叶,引起树势衰弱,果品产量和质量降低,贮藏期还容易感染其他病菌,造成腐烂。

【发病症状】主要为害叶片,造成早落,也为害新梢和果实,影响树势和产量。

① 叶片染病初期出现褐色圆点,其后逐渐扩大为红褐色,边缘紫褐色,病部中央常具一深色小点或同心轮纹。天气潮湿时,病部正反面均可长出墨绿色至黑色霉状物。夏、秋季高温高湿,病菌繁殖量大,发病周期缩短,秋梢部位叶片病斑迅速增多,一片病叶上常有病斑 10～20 个,多斑融合成不规则大斑,叶即穿孔或破碎,生长停滞,枯焦脱落。

② 叶柄、1 年生枝和徒长枝上,出现褐至灰褐色病斑,边缘有裂缝。

③ 幼果出现 1～2 毫米的小圆斑,有红晕,后期变黑褐色小点或成疮痂状。

【发病规律】以菌丝在受害叶、枝条或芽鳞中越冬,翌春产生分生孢子,随气流、风雨传播。分生孢子 1 年有两个活动高峰:第一高峰从 5 月上旬至 6 月中旬,导致春秋梢和叶片大量染病,严重时造成落叶;第二高峰在 9 月份,可再次加重秋梢发病的严重度,造成大量落叶。春季苹果展叶后,雨水多、降雨早、雨日多,或空气相对湿度在 70%以上时,田间发病早,病叶率增长快。在夏秋季有时短期无雨,但空气湿度大、高温闷热时,也利于病菌产生孢子和发病。果园密植、树冠郁闭、杂草丛生、树势较弱、地势低洼、地下水位高、枝细叶嫩等,易发病。品种以红星、元帅系列易感病;富士系列、乔纳金、鸡冠等发生较轻。

【防治方法】

① 农业防治:尽量不从病区引进苗木、接穗;秋冬认真扫除落叶,剪除病枝,集中烧埋。发芽前喷 40%福美胂可湿性粉剂 100 倍液,铲除病源。

② 药物防治

Ⅰ.预防用药:第一遍药应在 5 月中旬,7 天后喷第二遍药。6 月、7 月、8 月中旬再各喷一遍药。常用药剂有安泰生 70%可湿性粉剂 700 倍液,70%代森锰锌可湿性粉剂 400~600 倍液,或 10%多氧霉素可湿性粉剂 1000~1500 倍液,或 50%扑海因可湿性粉 1000~1500 倍,或 80%大生(代森锰锌)可湿性粉剂 1000~1200 倍,也可用 90%三乙磷酸铝可湿性粉剂 1000 倍液,注意多药交替使用。

Ⅱ.轻微发病时,奥力克靓果安按 800 倍液稀释喷洒,10~15 天用药 1 次;病情严重时,奥力克靓果安按 500 倍液稀释,7~10 天喷施 1 次。

(5) 褐斑病:是苹果生产中的重要病害,近年来在全国范围内发生较重,造成苹果早期大量落叶,影响苹果的产量和质量。

【发病症状】该病主要为害叶片,也可侵染果实和叶柄。一般树冠下部和内膛的叶片、果实最先发病。发病初期,叶片出现黑褐色小疱疹或针芒状暗褐色病斑,边缘不整齐,病健界限不清晰,后期病叶变黄脱落,但病斑周围仍然保持绿色,病斑表面有黑褐色的针芒状纹线和蝇粪样黑点。

因苹果树品种和发病期的不同而表现为三种类型的病斑。一是同心轮纹型:病斑圆形,四周黄色,中心暗褐色,有呈同心轮纹状排列的黑色小点(病菌的分生孢子盘),病斑周围有绿色晕。二是针芒型:病斑似针芒状向外扩展,无一定边缘。病斑小而多。三是两种混合型:病斑很大,近圆形或不规则形,暗褐色,中心为灰白色,其上亦有小黑点,但无明显的同心轮纹。有时果实亦能受害。

叶柄感病后,产生黑褐色长圆形病斑,常常导致叶片枯死。

果实发病,在果面出现暗褐色斑点,逐渐扩大,形成圆形或椭圆形黑色病斑,表面下陷,有隆起小点。病斑果肉褐色,干腐,海绵状。

【发病规律】苹果褐斑病在果树生长季节随气流、风雨传播,直接侵入或从伤口、皮孔侵入进行侵染,有多次重复侵染现象。高温、多雨有利于病原菌的繁殖、侵染和传播。果园密植、郁闭,通风透光不良的果园褐斑病发病较重。富士系苹果尤感褐斑病。

【防治方法】

① 农业防治:合理修剪,注意排水,改善园内通风透光条件;秋、冬季清扫果园内落叶及树上残留的病枝、病叶,深埋或烧毁。

② 药物防治:一般 5 月中旬开始喷药,隔 15 天 1 次,共 3～4 次。常用药剂有波尔多液(1∶2∶200)、30％绿得保 500 倍液、77％可杀得 800 倍液、70％甲基托布津可湿性粉剂 800 倍液、70％代森锰锌可湿性粉剂 500 倍液、75％百菌清可湿性粉剂 800 倍液等。注意在幼果期喷用波尔多液易产生果锈。

(6) 苦痘病:苹果苦痘病主要是因为树体生理性缺钙引起的生理病害。

【发病症状】在苹果近成熟时开始出现症状,贮藏期继续发展。病斑多发生在靠近萼凹的部分,而靠近果肩处则较少发生。

病部果皮下的果肉先发生病变,而后果皮出现以皮孔为中心的圆形斑点。这种斑点,在绿色或黄色品种上呈浓绿色,在红色品种上则呈暗红色,而且病斑稍凹陷。后期病的部位果肉干缩,表皮坏死,会显现出凹陷的褐斑,深达果肉 2～3 毫米,有苦味。轻病果上一般有 3～5 个病斑,重的几十个,遍布果面。

【发病规律】黄色品种冬剪过重,偏施、晚施氮肥,树体过旺及肥水不良的果园发病重。果实生长期降雨量大,浇水过多,都易加重病害发生。

【防治方法】对套袋苹果来讲,要抓住谢花后至套袋前的果实裸露期,加大补钙力度,解决缺钙苦痘病。在果实发育期,喷布0.5％氧化钙溶液或者硝酸钙溶液 3～5 次(在施氮肥比较多的果园,应该喷布氯化钙),每间隔 15～20 天喷施 1 次;最后 1 次在果实摘袋后采收前 3 周左右喷施为宜,必须保证每个苹果都喷到药。

(7) 棉铃虫:近年来,棉铃虫在苹果上的为害日趋严重。

【发病症状】该虫主要在幼果上钻蛀为害,幼果被害后,形成褐色干疤,但在雨季,蛀孔常常被病原菌侵染,引起果实腐烂脱落。大龄幼虫有转移为害的习性,常常转移到附近果实上继续为害。

【发病规律】棉铃虫为害苹果,从品种上看,元帅等中早熟品种较富士等晚熟品种受害重;从种植方式上看,苹果园间作比单作受害重,间作棉花、大豆、辣椒比间作甘薯、芹菜、茄子受害重,结果较多的大树受害较重。

【防治方法】

① 农业防治:苹果园内不要种植棉花、番茄等棉铃虫嗜好的寄主作物;利用黑光灯、高压汞灯诱杀成虫。

② 生物防治:在 2 代棉铃卵高峰的 3～4 天及 6～8 天,把每克含活孢子 100 亿以上的杀螟杆菌粉兑水 300～500 倍,或把每克含活孢子 48 亿的青虫菌粉兑水 400 倍液,连续喷叶 2 次。

③ 药物防治:初龄幼虫发生期可喷洒 30％桃小灵 1500 倍液,

或48％乐斯本1500倍液,或20％灭杀毙(增数氰马)乳油4000倍液,或25％功夫乳油5000倍液等杀虫剂。

(8) 康氏粉蚧:康氏粉蚧是一种刺吸式口器害虫。近几年,随着果实套袋技术的推广,其发生程度不断加重,已成为一个新的为害苹果生产的重要害虫。

【发病症状】若虫和成虫吸食苹果枝干和果实汁液,可导致枝干生长衰弱,果实品质下降,甚至整株果树枯死。

【发病规律】每年发生1代,以卵在树根附近土缝里、树皮缝、枯枝落叶层及石块下成堆越冬。次年2月下旬开始出现若虫,3月上中旬上树较多。若虫大量集中在1～2年生枝条上吸食汁液,以4月为害最重。受害严重的枝条推迟发芽甚至枯死。

【防治方法】

① 农业防治:结合冬季修剪、重剪疏除为害严重的有虫枝条,并彻底烧毁,降低越冬基数,以减轻来年虫源。

② 药物防治:防治蚧壳虫的关键是在1龄若虫活动时施药,可选用2.5％溴氢菊酯(敌杀死)乳油,或2.5％氯氟氢菊酯(功夫)乳油、40％毒死蜱＋20％阿维菌素。对已开始分泌蜡粉的康氏粉蚧可以在使用以上药剂时加入一定量的有机硅来增强农药的附着性即渗透性,以提高杀虫效果,如用含油量0.3％～0.5％柴油乳剂或黏土柴油乳剂混用,也有良好杀虫作用。

(9) 卷叶蛾:苹果卷叶蛾分布较广,在北方苹果产区普遍发生。

【发病症状】幼虫卷结嫩叶,潜伏在其中取食叶肉。低龄幼虫食害嫩叶、新芽,稍大一些的幼虫卷叶或平叠叶片或贴叶果面,取食叶肉使之呈纱网状和孔洞,并啃食贴叶果的果皮,呈不规则形凹疤,多雨时常腐烂脱落。

【发病规律】1年发生2～3代。以2～3龄幼虫在顶梢卷叶团内结虫苞越冬。萌芽时幼虫出蛰卷嫩叶为害,常食顶芽生长点。6月上旬幼虫老熟,在卷叶内作茧化蛹,6月中、下旬发蛾。成虫白天潜藏叶背,略有趋光性。卵多散产于有绒毛的叶片背面。幼虫孵出后吐丝缀叶作苞,藏身其中,探身苞外取食嫩叶。7月是第一代幼虫为害盛期,第二代幼虫于10月以后进入越冬期。

【防治方法】

① 农业防治:早春刮除树干和剪锯口处的翘皮,消灭越冬的幼虫。在果树生长期,经常用手捏死卷叶中的幼虫,减轻其为害。

② 药物防治:越冬幼虫出蛰期和各代幼虫孵化期是树上喷药适期,常用药剂有50%辛硫磷乳油1000倍液、80%敌敌畏乳油1500倍液、2.5%溴氰菊酯乳油3000倍液。

(10)金纹细蛾:金纹细蛾是全国苹果产区的主要潜叶性为害的害虫之一。该虫为害严重时,可造成果树的叶片和果实提早脱落,导致苹果产量严重下降。

【发病症状】金纹细蛾幼虫从叶背潜食叶肉,形成椭圆形的虫斑,叶背表皮皱缩,叶片向背面弯折。叶片正面呈现黄绿色网眼状虫斑,内有黑色虫粪。虫斑常发生在叶片边缘,严重时布满整个叶片。

【发病规律】金纹细蛾一年发生5代,以蛹在被害叶片中越冬。第二年苹果发芽时出现成虫,各代成虫发生盛期为第一代5月下旬到6月上旬,第二代7月上旬,第三代8月上旬,第四代9月中下旬。后期世代重叠,最后1代的幼虫于10月下旬在被害叶的虫斑内化蛹越冬。成虫多在早晨和傍晚前后活动,产卵于嫩叶背面,单粒散产。幼虫孵化后从卵和叶片接触处咬破卵壳,直接蛀入叶内为害。幼虫老熟后在虫斑内化蛹,羽化时蛹壳一半露出虫斑外面。

【防治方法】

① 农业防治:果树落叶后清除落叶,集中烧毁,消灭越冬蛹。

② 药物防治:防治的关键时期是各代成虫发生盛期。其中在第一代成虫盛发期喷药,防治效果优于后期防治。常用药剂有

80％敌敌畏乳剂 800 倍液、50％杀螟松乳剂 1000 倍液、20％杀灭菊酯 2000 倍液、2.5％溴氰菊酯 2000～3000 倍液、30％蛾螨灵可湿性粉剂 1200 倍液。另外，25％的灭幼脲 3 号胶悬剂 1000 倍液也有很好的防治效果。

(11)红蜘蛛：苹果红蜘蛛又叫苹果叶螨，是北方果区重要害螨之一。

【发病症状】红蜘蛛主要为害苹果树叶片、嫩芽和幼果。受害后叶片正面出现失绿小斑点，叶背不易看出被害状，但为害严重时，叶片也会出现苍白色或焦枯的斑块。

【发病规律】苹果红蜘蛛 1 年发生 6～7 代，以冬卵在枝杈、粗皮裂缝内越冬。全年发生数量最多、为害最重的时期是 6 月下旬至 8 月间，因此，在大量发生前，降低害螨的密度是全年防治的关键时期。另外，在产卵越冬前，也是药剂防治的关键时期。

【防治方法】

① 农业防治：在 8 月中下旬树干绑草把诱使成虫在其内越冬，然后解下草把与落叶一起烧掉。

② 药物防治：发芽前，喷洒 3～5 波美度石硫合剂。在生长期中（6 月下旬至 8 月间）喷洒 0.2 波美度石硫合剂或 50％的甲胺磷 1500 倍液，或 20％三氯杀螨醇 600～800 倍液并混入 800 倍 80％的敌敌畏，或 73％克螨特乳油 2000～4000 倍液，对消灭若螨，成螨有特效、并兼杀卵。此药可与杀灭菊酯混用。

四、脱袋前后的管理

1. 摘袋前的管理

(1) 做好秋剪：在除袋前 7～10 天，疏除冠内徒长枝、主枝背上直立旺枝、外围竞争枝、部分遮光的新梢，增加光照，提高果实着色度。

(2) 浇水：脱袋前 5 天左右要浇 1 次大水，这次水是套袋苹果的丰产水、关键水。脱袋后浇水往往梗洼处裂口和果面上出现鸡爪纹，所以一定要在脱袋前浇水，脱袋前浇水还能缓解果园的小气候，防止果实日灼。

(3) 药物防治：摘袋前 1 天，要喷施一遍 80％大生 M-45 800 倍＋70％甲基托布津 1000 倍，或 80％大生 M-45 800 倍＋50％多菌灵 600 倍，以防摘袋后病菌侵染果面。

2. 摘袋方法

(1) 摘袋时间

① 红色品种：红色品种在果实着色后期时除袋。新红星去袋后的着色期宜在 25～30 天，红富士 30～35 天。新红星宜 8 月中旬去袋，红富士苹果在 9 月下旬至 10 月上旬去袋。去袋过早，果实暴露时间过长，果皮易变粗糙，色泽较暗；去袋过晚，着色期过短，虽然果皮细嫩，色泽新鲜，但色泽较淡，贮藏期间容易褪色。

② 绿色品种：绿色品种如金帅苹果，主要为防止果锈而套袋的，可在果实采收前 1 个月摘袋，也可随采收时一起摘下。因金帅苹果产生果锈主要在角质层形成的幼果期，当幼果长到 40 天后，果皮角质层已经形成，摘袋后不再产生果锈。若为了减轻套袋对果品质量和果实发育的不良影响，可提倡套小型纸袋(91 厘米×12 厘米)，即易发生果锈的幼果期间果实在袋内生长，当果皮角质层形成后，随着果实膨大让果实撑破纸袋自行脱落进行无袋生长。脱落后果实还有近 2 个月的生长期，果实绿色组织还可进行较强的光合作用，以便增加果实光合作用的积累，果实内在质量比套大袋晚摘好。

(2) 摘袋方法

① 双层袋：先将外层袋撕掉，经 4 天左右，让果实适应外部环境后再去掉内层袋。去外层袋和内层袋时，要在晴天上午 10 时至

下午 4 时进行。这样果温较高,袋内、袋外温差较小,此时果实蒸腾作用旺盛,不易造成日烧。去外层袋时,将扎口铁丝一同去掉,内层袋只靠果实将其撑在上面,袋口外、内袋破裂处能被阳光照射到。

② 单层袋:单层袋的去袋方法是在上午 10 时至下午 4 时,先将纸袋纵向撕开,但让袋着附于果实上,4 天以后,当果实适应了外界环境条件后,再撕掉袋子。去袋后一般易着色的品种 10～15 天即可着满红色,难着色的品种 30 天左右也能上好色。

3. 脱袋后的管理

(1) 贴字艺术果生产:贴字艺术果已成为提升苹果档次、增加苹果商品价值和效益的又一重要途径。苹果贴字的原理是太阳照射的果面部分上色,贴字处不上色。凡是红色的苹果品种都可进行贴字处理。

① 果实的选择:苹果贴字的目的是生产高档精品苹果,因此,选果时一定要选择形正、高桩、果个整齐一致、无病虫害、果面洁净的下垂果。

② 贴字的选择:要选择正规厂家生产的贴字,劣质贴字材料贴上果面后,有可能导致日灼或对果皮产生刺激,影响美观。

③ 贴字内容:贴字的内容主要是一些祝福语,如"福"、"禄"、"寿"、"喜"、"吉祥"、"如意"、"一帆风顺"、"招财进宝"、"心想事成"、"人寿年丰"、"恭喜发财"等字迹,图案可选择十二生肖、人物、花鸟、鱼类等。

④ 贴字的时间和方法:贴字时间应该在套袋果摘外袋的同时进行,最好是边摘外袋边贴字。方法是将外袋摘下,内袋撑开,字头朝着果柄方向,将字贴在果实阳面正中,然后抹平即可。为了方便采收,贴组字时可将几个字分别贴在相邻的几棵树上。

(2) 摘叶:除袋后 5 天左右,摘除贴在果面上的叶片或遮光的叶片,有效地促进果实着色,避免果面形成叶影;摘叶不宜过多过重,摘叶过重会导致果面呈绛红色或出现日灼症状,一般可占全树总叶量的 20%～30% 即可。

(3) **垫果**:为了防止果面摘袋后出现枝叶磨伤,利用摘下来的纸袋,把果面靠近树枝的部位垫好,这样可防止刮风造成的果面磨伤,影响果品外观质量。

(4) **铺设反光膜**:摘叶、垫果后在冠下地面上铺设银色反光膜,通过对光的反射作用,改善树冠内膛和下部光照状况,使树冠下部的果实着色,尤其能使果顶及萼洼周围充分着色,真正达到生产全红果。而且由于铺设反光膜可使昼夜温差提高 1～2℃,这对于果实糖分的积累,提高内在品质无疑是有积极意义的,经测定铺反光膜比不铺反光膜含糖量可提高 0.8%～1.0%。

铺反光膜应在离树体主干 0.5 米外的树冠下进行,方法是顺树行方向在树冠下的两侧各铺一条银色反光膜,反光膜的外缘与树冠树缘对齐,反光膜要做到与地面紧贴、平展,边缘要压实,以充分发挥反光的作用,行间留作业道。果实采收前 1～2 天将反光膜收起洗净晾干,优质反光膜可连续使用 2～3 年。

(5) **转果**:转果可促进果实全面着色。当果实的向阳面基本完成着色时,一般在摘袋 10 天后进行。转果宜在下午进行,转果的动作宜轻不宜重。操作时,用手拿住果实,将果实旋转 180°,使果实的背阴面转至向阳面,并用透明胶带牵引固定,以促进果实的全面着色。

(6) **补钙**:对元帅、红星、新红星等容易发生苦痘病、斑点病的苹果品种,在果实发育期,喷布 0.5% 氧化钙溶液或硝酸钙溶液 3～5 次(在施氮肥比较多的果园,应喷布氯化钙),每间隔 15～20 天喷施 1 次;最后 1 次在果实采收前 3 周左右喷施为宜。

值得强调的是,在喷施钙溶液时,一定要将钙溶液喷施到果实上才有效,不能仅喷施到果树叶片上。据实验,苹果喷施钙溶液后,可有效地促进果实着色和果面蜡质的形成,改善果实品质,延长果实贮藏寿命,减少采前裂果,减轻病害发生。

(7) 采前喷水:采前着色期,用机动喷雾泵在傍晚时分对果园全树均匀喷无污染的清水,不仅能冲洗掉附着在叶片和果面上的灰尘,还能有效防止果实日灼的发生,更加有利于保持和增进树体的水分含量,从而促进果实全面着色。

(8) 病虫害防治:除袋后喷1次甲基托布津等内吸性杀菌剂,防治果实内潜伏病菌引发的轮纹烂果病。

五、采收与包装

采收苹果前要做进采前的各项准备工作,如采果袋、采果篓、采果凳或采果梯、周转箱等。

1. 适时采收

适宜的采收时期对果品的产量和质量影响很大,但近几年果实早采的现象比较严重,不但降低了产量,而且重要的是降低了果实的内在品质,表现在果实含糖量普遍降低,果肉硬而不脆,食用性差,失去了苹果原有的风味,影响了消费者的需求,必须引起果农的高度重视。

(1) 采收期的确定:根据果实的着色情况及客商要求的标准适期、分批采收。一般除袋后15~20天果实即可满色,延期采收,果实的色泽会老化。晚熟品种,采收越晚,糖度越高,品质更佳。选择天气晴朗的上午10时以前和下午3时以后采收为好,阴雨、露水未干或浓雾天气不宜采收。

(2) 包装容器:要求包装容器必须坚固、干燥、卫生、无不良气味,内外无钉头、尖刺等。内衬材料可用瓦楞纸或涂膜牛皮纸等。

(3) 分期采收:可以根据果实的成熟度,分2~3批选采成熟度合适的果实。分期采收要注意,特别是第一、第二批采收时,要避免采收操作碰落果实,尽量减少损失。

(4) 采收方法:套袋苹果采收时应特别注意防止拉掉果柄;采收时由树冠下部向上,由外及里进行;手掌将果实向上轻轻托起或用拇指轻压果柄离层,使之脱离;盛放果实的篮子,内侧用棉质布或帆布等柔软物内衬;采下的苹果用剪柄剪将果柄剪去一部分,避免刺伤果实。田间包装容器根据流通途径不同,可分别选用纸箱、散装箱、小木箱或塑料周转箱等。

2. 包装

每个果实用柔软、洁净,有韧性,大小适宜的网套,分层装箱,每箱用两个托盘,使果实在托盘内只能略微移动。装满后用胶带封好。

3. 采果后的管理

很多果农对果园采收后放松管理,导致枝条徒长、树冠郁闭、病虫滋生,影响当年花芽分化、翌年的开花坐果、产量及经济效益。因此,做好果实采收后的果园管理工作显得尤为重要。

(1) 清园、深翻树盘:秋后彻底清理果园,结合冬季修剪,剪除树上病虫干枝、病虫僵果,刮除粗翘树皮和病皮(注意刮皮不可太重,一般刮至露出新鲜组织即可),扫除果园地面枯枝落叶与杂草,远离果园烧毁或挖坑深埋。

在晚秋进行土壤深翻或扩穴,不但可以改良土壤,而且还可以将在土壤中越冬的病虫翻入深土层中闷死,或暴露在地表冻死,或被鸟类等天敌吃掉。另外,在锯除大枝后要立即涂抹油漆、843康复剂、腐必清、石硫合剂等保护药剂,以防止水分蒸发,促进伤口愈合,减少腐烂病的侵染和蚜虫等害虫的寄生场所。

(2) 秋施基肥:施基肥的时间应在果实采收后1个月内施入。

　　苹果树常用肥料包括有机肥和无机肥两大类。有机肥包括各种圈肥、禽肥、绿肥等,不仅含有氮、磷、钾三大类营养元素,而且含有铁、锰、硼、锌等多种微量元素,肥效发挥较慢,一般作基肥使用。有机肥在分解过程中不仅能释放出气体肥料(二氧化碳),提高叶片光合效能,还能促进土壤微生物的活动,增加土壤有机质含量,利于土壤团粒结构的形成,起到用地养地两不误的效果,同时不会产生对人体有害的化学物质。因此,套袋苹果树施肥,提倡有机肥和无机肥配合施用。有机肥和磷肥可1次施入,速效氮肥施入全年施用量的50%～60%,速效钾肥易淋失可留作追肥用,缺铁、缺锌的果园铁肥和锌肥可在施基肥时1次施入。

　　无机肥料主要指各种化肥,化肥肥效发挥快,施入土壤中可很快被根系吸收利用。但长期单一施用化肥会造成果实品质下降,出现缺素症及树体徒长、土壤结构恶化、土壤板结等不良后果。化肥按照所含营养元素可分为氮肥、磷肥、钾肥以及复合肥等,常见的氮肥有尿素、碳酸氢铵、硫酸铵、硝酸铵等,磷肥有过磷酸钙、钙镁磷肥等,钾肥有硝酸钾、硫酸钾及氯化钾等。近几年各肥料厂家陆续生产出各种专用肥,多是各种单元素肥料以及有机肥的复混肥。

　　苹果树定植时每株应施基肥20～25千克,定植后每年施1次基肥,1～2年生时每亩施2吨优质有机肥,3～4年生时每亩施2.5～3.0吨,进入盛果期后应加大基肥施用量,按"千克果2～3千克肥"的标准施入优质有机肥。

　　秋施基肥的方法很多,一般常用环状沟施肥、条状沟施肥和放射沟施肥,施入时把有机肥、土、化肥混合施入。

　　①　环状沟施肥:在树冠外沿20～30厘米处,挖宽40～50厘米、深50～60厘米的环状沟,挖好沟后把有机肥与土按1∶3的比例混合,掺匀后填入,覆土填平。此法操作简便,用肥经济,但施用范围小,适于幼树或挖坑栽植的密植幼树,但需注意减少根

系损伤。

②条状沟施肥:在树冠外缘处行间或株间挖宽 50～60 厘米、深 40～60 厘米、长度以树冠大小而定的施肥沟,将有机肥和表层熟土混合填入沟内,再把覆土覆于沟上及树盘内(下年施肥沟可换于另外一侧)。此法适于密植园施基肥时使用。

③放射沟施肥:从树冠下距树体 1 米左右的地方开始,以树干为中心向外呈放射状挖沟 3～4 条,沟深 20～50 厘米、宽 40～60 厘米,沟长超过树冠外围。沟从内向外由浅渐深,以减少伤根(每年挖沟时应变换位置)。此方法伤根较少,而且施肥面积较大,适于盛果期的成年果园。

(3) 病虫害防治: 苹果采收后,气温仍较高,一些病菌还会继续侵染发病,许多害虫也在继续取食为害准备越冬,因此仍应加强病虫害防治工作。杀虫剂可用桃小灵乳油 1500 倍液或杜邦万灵 3000 倍液,杀菌剂可用 1.5% 多抗霉 300 倍液或波尔多液,落叶后可普喷一遍 3 波美度石硫合剂等。

(4) 灌封冻水: 时间宜在 11 月中下旬,水量要足,保证树体冬季用水,同时可杀死部分在土壤中越冬的害虫。

(5) 树干涂白: 涂白最好在落叶后至封冻前,涂白剂配方:生石灰 10 份、石硫合剂原液 2 份、食盐 2 份、黄土 2 份、水 40 份。先用凉水化开生石灰并去渣,将化开的食盐、石硫合剂、黄土和水倒入石灰水中,搅拌均匀即可。

(6) 做好冬剪: 套袋苹果树应采用合理的树体结构,以小冠疏层形、基部三主枝改良纺锤形和自由纺锤形为主,修剪上以轻剪、疏剪为主,冬、夏剪相结合,长树与结果相结合的原则。冬剪时,疏除上部粗大枝、内膛徒长枝、过密枝和外围竞争枝以及树冠下部裙枝,使树冠通风透光,结果枝粗壮,结果部位均匀,达到立体结果的目的。

①初结果期树的修剪:该期修剪首先继续培养各级骨干枝,

30

扩大树冠,完成整形任务;其次打开光路,解决树冠的通风透光条件;第三,培养好结果枝组,把结果部位逐渐移到骨干枝和其他永久枝上。特别是矮化密植园,树体已经长大,枝间开始交接,必须解决好光照问题(减少外围发育枝,处理层间辅养枝,解决好侧光;落头开心,解决好上光;疏除部分密挤的裙枝)。在解决光照的同时,努力培养好结果枝组,做好结果部位的过渡和转移,但此时树势刚开始稳定,产量正大幅度增加,修剪应合理,若修剪过重,就会促使树势过旺,造成产量下降。

② 盛果期树的修剪:果树进入盛果期,树势已逐渐缓和,树冠骨架基本牢固,树姿逐渐开张,发育枝与中、长果枝逐年减少,短果枝数量增多,结果量剧增,后期长势随结果量的增加而减弱,内膛小枝不断枯衰,往往出现树冠郁闭,通风透光不良。

此期修剪任务是调节生长与结果的关系,维持健壮的树势,保持丰产稳产,延长盛果期年限。修剪上要改善树冠内的光照,促发营养枝,控制花果数量,复壮结果枝组,及时疏弱留壮,抑前促后,更新复壮,保持枝组的健壮和高产稳产,做到见长短截,以提高坐果率,增大果重。

③ 衰老树的修剪:衰老苹果树的生长特点是新梢生长量小,发枝多,花芽多但结果少,内膛小枝组枯死多,结果部位明显外移,内膛光秃,中下部发出较多的徒长枝。对这类衰老的苹果树进行修剪,主要是更新复壮。有些苹果树从盛果后期就要进行局部更新,并要加强肥水管理。在同一棵树上,应逐年分期轮换更新。

Ⅰ. 回缩更新:对主、侧枝回缩时选择角度较小、生长较旺的背后枝、直立枝代替原头,以增强树势。

Ⅱ. 枝组要重回缩:对各类枝组要适当重截、多截、少疏、抬高角度,修剪原则是去平留直、去弱留强、去下留上、去长留短。多疏密生短果枝,保留并复壮背上、背斜、短轴强壮枝。

Ⅲ. 更新复壮:利用徒长枝是更新复壮老树的重要措施,要分不同的情况合理改造、重点培养,对徒长枝、直立旺枝多截少放,以促发分枝,增强生长势。

Ⅳ. 要尽量减少层次:在树体结构上,要采用回缩落头的方法尽量减少层次,以降低树高,增加内膛光照,使其获得更新后的各级健壮枝。

④ 运用修剪措施调整苹果树的大小年结果现象:对于有大小年现象的苹果树,要通过合理修剪、调整结果枝与营养枝比例来解决。

大年树修剪要保果促发芽,冬剪时去掉多余的花芽(图 1-3),控制其数量,对各种果枝修剪量要大,对营养生长枝轻剪缓放,促进花芽形成,确保翌年小年树结果量。

大年树花量大,长、中、短果枝(图 1-4)以及腋花芽均具大量花芽。根据树体负载能力,短枝花芽够用时,对于中、长果枝行短截去掉花芽,使其成为预备枝,回缩串花枝,腋花芽枝留下部叶芽短截;对过于冗长的结果枝组回缩于壮枝、壮芽处;对衰弱结果枝组和弱果枝复壮修剪,抬高角度,增强枝(组)势;对于外围发育枝

图 1-3　花芽(左)与叶芽(右)比较　　图 1-4　长、中、短果枝

要适当疏剪,使内膛通风透光;中庸、平斜发育枝少截多缓,或在盲节处短截等轻剪缓放,促发较多的中短枝形成花芽,增加翌年的花量;对无花芽旺枝或辅养枝缓放,并进行刻芽或环割,促短枝形成

花芽。

小年树修剪时尽量保留花芽,见花就留,花枝修剪要轻,重截发育枝,促进生长势,使下一年花量不过大。冬剪时,以轻剪为主,认为是花芽的就要保留。中、长果枝不打头或轻短剪;串花枝轻打头;重叠枝有花芽的多保留,影响较大的

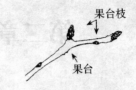

图1-5 果台与果台枝

可短截;保留有花芽的果台枝(图1-5),剪截无花芽的果台枝;为保留花芽,不回缩细长和弱小花枝。对外围发育枝疏除过旺的,中截促进营养生长,减少翌年花芽数量。对内膛多年生大枝轻剪,疏除过密枝,以减少盲花枝,复壮树势;抬高下垂枝角度,对前端有花芽的宜缓放。对大叶芽枝,可进行回缩更新,使其不形成过多的花枝,以减少翌年花芽量。要轻回缩有花芽的枝组,尽量不去花芽,待结果后的第二年进行更新;对于无花芽的枝组,过密的疏除,衰老的回缩更新,增强光照;回缩枝组内多年生枝,复壮更新,同时也减少翌年的花量,降低养分的消耗,提高结果能力,慎重回缩长放的鞭秆枝组。

另外,克服大、小年树结果,除采取修剪调节外,还可采用疏花疏果和人工辅助授粉等综合栽培管理。对大年树过多的花芽,如弱花枝或中枝组整个花序疏除,只保留果台叶片,使果台副梢形成花芽;对小年树采用花期人工辅助授粉方式提高坐果率,增加小年树的产量。增施有机肥料,提高土壤有机质,进行叶面喷肥,进行夏季修剪等,可提高坐果率,增大果重,提高果品质量,均衡产量。

第二章 梨果套袋技术

给梨果套袋可减少病虫为害,减少农药污染,改善果实外观质量,果面细嫩光洁、肉细汁多而受到广大消费者的青睐。因梨属品种众多,不是所有品种的梨都需要套袋,只有像雪花梨、水晶梨、黄金梨、酥梨、苹果梨、丰水梨、京白梨、园黄梨、鸭梨、翠冠梨等汁多、皮薄的品种才可以套袋,那些皮较厚、个体较小的品种不适合套袋。

一、套袋前的树体管理

1. 树体选择

套袋的梨树一般选择生长在土壤比较肥沃、群体结构和树体结构较好,树体不太高大,树体健壮,病虫害发生轻,花芽饱满,树龄较小的树体。

2. 芽前病虫害防治

早春梨芽"露白"时喷布 3～5 波美度的石硫合剂杀灭越冬病菌和害虫,尤其对黄粉蚜、康氏粉蚧、红蜘蛛等效果明显。

3. 套袋前的肥、水管理

肥、水管理是梨园管理的主要任务,只有合理的肥水管理,才能培育壮树,才能生产优质果品。

梨园套袋后,果实含糖量有所降低,因此施肥量、肥料种类、施肥方法等方面都应当有别于无袋栽培的梨园。套袋梨园在肥料种类上应做到配方施肥,相应减少氮素化肥用量,增加钾肥、磷肥用量,氮、磷、钾的比例应以 1∶0.5∶1 为好。套袋果容易产生缺素症,如缺钙、缺硼等,因此应重视钙、镁、铁、硼、铜、锌等微肥的施用,防止缺素症的发生。

(1) 追芽前肥:梨树追芽前肥以氮肥为主。因树体萌动、开花、展叶、新梢生长等一系列发育过程均需大量的营养成分,而此时根系的活动、吸收能力较差,消耗的养分多为树体自身的贮藏营养,如氮素供应不足,即会影响新梢的正常生长,还会导致落花而降低产量,故应及时补充。对树势衰弱的盛果期树,此次追肥尤其重要,而对幼旺树可省去此次追肥。

(2) 浇花前水:一般来说,梨的抗旱性和耐涝性比苹果强,但梨的需水量比苹果大,因此在芽萌动后要通过树盘灌水、树行灌水、沟灌或环状沟灌、塑料袋穴、喷灌、滴灌等定位形式和调亏灌溉技术,适时灌水,创造良好的土壤水分条件,满足果树对水分的需要,防止套袋果实日灼。结合芽前追肥进行浇水,使土壤含水量维持在田间最大持水量的 70%～75%。

4. 人工授粉

梨树属于异品种授粉才能结实的树种,因此在梨树管理中,即使配置了授粉树,也应采取人工辅助授粉,特别是移栽后第二、第三年幼龄结果树,因授粉树枝叶生长量不足,花粉量也少,还满足不了自然授粉的需要。就是在栽后第四、第五年以上的梨树遇上自然授粉不利的年份,采取人工辅助授粉措施,坐果率可提高 1～5 倍,实收产量增加 1.5～4 倍。

(1) 采粉树的选择:梨树采粉树选择本地区与主栽品种花期一致或相近、整体生育期相差不大的品种即可。

(2) 花粉的采集:采花时,同样遵循花多的树多采,花少的树少采;弱树多采,旺树少采;树冠外围多采,中部和内膛少采;花多的枝多采,花少的枝少采;梨树先开边花,采粉时应采中心花留边花。采花要采大喇叭状(气球状的花)花包,或当天开的花或开后第二天的花,即采雄蕊上的花药为粉红色的花。切忌采花药已变色的花,因这种花其花粉已散失。

(3)花粉的制取及盛装:同样,采集的梨花也不要堆积,要及时剥去花瓣,取出花药。采集花药,既可人工采集,也可以用机器采集(参考苹果花粉的制取)。

(4)人工授粉:梨开花期的气温在15~17℃,有微风条件下授粉效果好。就一朵花而论,在开花3日内授粉坐果率较高,达80%以上,其中当天开花当天授粉坐果率达95%以上。开花第四、第五天授粉坐果率在50%左右,第六天授粉坐果率只有30%。盛花初期,即25%的花已开放,开始人工授粉,此期为花序边花的第1~3朵,争取在2~3天内完成授粉工作。

① 授粉方法

Ⅰ.花粉袋授粉法:将采集的花粉加入2~4倍滑石粉,过细箩3~4次,使滑石粉与花粉混匀,装入双层纱布袋内,将花粉袋绑在竹竿上,在树上振动撒粉。

Ⅱ.挂罐插枝及振花枝授粉:在授粉树较少或授粉树当年花少的年份,可从附近花量大的梨园剪取花枝(冬剪时不剪取,留着开花时剪取作授粉用)。花期用装水的瓶罐插入花枝,分挂在被授粉树上,并上下左右变换位置,借风和蜜蜂传播授粉,效果也很理想。为了经济利用花枝,挂罐之前,可把花枝绑在竹竿上,在树冠上振打,使花粉飞散,振后可插瓶挂树再用。

Ⅲ.鸡毛掸子滚授法:把事先做好或买入的鸡毛掸子,先用白酒洗去毛上的油脂,否则不容易沾上花粉,干后绑在木棍上,先在授粉树行花多处反复滚沾花粉,然后移至要授粉的主栽品种树上,上下内外滚授,最好能在1~3天内对每树滚授2次,效果最可靠。

Ⅳ．喷雾法：以低容量或超低容量喷雾器，对花朵进行喷雾授粉，时期以盛花中期最好。花粉液的配制方法为 20 克花粉加水 10 千克；为促进花粉管伸长、提高坐果率，可加入 10～15 克硼砂，亦可于喷雾时加入少许白糖。此方法授粉均匀，效益较好，但花粉液不能长时间存放。一般配后 2～5 小时内喷完为宜，否则花粉会提前萌发，降低授粉效果。

② 注意事项：授粉时，同样要从树冠上下、内外逐枝授粉，要把花粉蘸到柱头上；花期遇有降雨时，要冒雨突击抢授，授粉量比平常增加 20％～30％；花期轻微受冻后，可及时喷 90％赤霉素 8000～10000 倍液＋硼砂 1000 倍液，有利于提高坐果率。

5. 合理疏果

留果的多少直接影响着当年的产量和质量，又对来年的花芽形成影响很大，所以合理负载是连年丰产稳产的必要条件。一般要求做到"三稠三稀"，即幼（壮）树稠、老（弱）树稀，树冠外围稠、内膛稀，树上部稠、下部稀。

(1) 疏果时间：疏果应根据各品种坐果率和幼果发育快慢及早进行。黄金梨、黄冠梨、绿宝石梨等新品种梨一般坐果率高、幼果发育快，盛花后 1 周即可进行。鸭梨、雪花梨相对坐果率低，幼果发育慢，盛花后 10～15 天才能进行。

(2) 疏果方法：易于被果农接受和掌握的是以幼果间距离确定留果的方法，一般以大型果 25～30 厘米、小型果 25～20 厘米为宜。疏果时，留大果、疏小果，留端正果、疏歪果。留果形指数大的幼果，疏果形指数小的幼果。留长果枝中、后部果，疏枝头、前部果。每个花序只留 1 个果。

二、套袋技术

1. 果袋选择

梨果纸袋繁多，为了提高经济效益，选用适宜的纸袋是必要的，其基本要求是经风吹日晒雨淋后，不易变形、破损、脱蜡，对梨果的不良影响极小。有的果农用报纸自制果袋，成本虽低，但质量差，经不起日晒雨淋，无实用价值。有的果农用自制的柿油棉纸袋，一个袋子可用 2～3 年，套袋效果不错，经济实用，可选用。用过的废纸制果袋下年不能再用，因药蜡已经失效。

(1) 纸袋种类：梨属资源十分丰富，梨的皮色也多种多样，梨果果实色泽大致可分为褐色、绿色、黄色、红色 4 种，其中绿色又有黄绿色、绿黄色、翠绿色、浅绿色等；褐色有深褐色、绿褐色、黄褐色；红色有鲜红色、暗红色等。对于外观不甚美观的褐皮梨来说，套袋显得尤为重要。除皮色外，梨各栽培品种果点和锈斑的发生也不一样，如往梨品种群果点大而密，颜色深，果面粗糙，西洋梨则果点小而稀，颜色浅，果面较为光滑。因此，套袋前应根据品种、气候条件、果实形状、原果皮色泽、平均单果重、摘袋后要求的商品果皮色泽等选择相应的果袋。

① 褐皮梨品种纸袋的选择：褐皮梨品种如南水、丰水、圆黄等选用一次性套外黄内黑的双层袋，套袋后梨的皮色由褐色、粗糙变成淡褐色或褐黄色、细腻、洁净。

② 绿色品种纸袋的选择：绿色品种如黄金梨、酥梨、绿宝石、新世纪等，套袋后商品果要求乳黄或金黄色的，应选择白色小蜡袋＋外黄内黑的双层袋，第一次套小蜡袋，第二次套外黄内黑双层袋，相距时间一般为 30～40 天；商品果要求淡绿色的，可将二次套袋改为外黄内白或外黄内黄的双层专用袋，套袋后的梨果既保留

了原品种的绿色,又使果面细嫩、美观。据果农试验,要改成淡绿色者也可进行一次性套袋,即不套第一次小袋,直接套一次性外黄内黄、外黄内白大袋,时间应适当早一些。

③ 黄色品种纸袋的选择:如京白梨、雪花梨、早生黄金、香梨等用高张度防水单层牛皮纸专用袋就可以达到皮质细嫩的效果。有些商品价值高的也可采用外黄内白或外黄内黄的双层袋。

④ 红色品种纸袋的选择:红色梨品种可套外黄内黑或外黄内红结构的双层专用袋,在采收前 10～15 天脱袋即变成美丽娇嫩的鲜红色,果面细腻。

另外,梨袋的选择也应考虑果园的环境气候条件。通常对日照强、通风透光良好的果园,应选择袋色较浅的果实袋。多雨地区,尤其是连续降雨较多的地方,应特别注意排水孔要适当大些,而且纸的透气度应较好且耐雨水冲刷。

梨果的不同品种,在纸质、纸层和颜色上均有不同要求,同时还应考虑气候因素的变化。例如幸水、新世纪等易发生果锈,对纸袋要求较高,在夏温气候条件下,应选用双层袋。

若市场要求果皮为浅绿皮色的品种,则应选用外层为深褐色,里表为黑色,内层为白色的全木浆纸袋。黄皮梨(黄花、清香)对纸袋要求选择范围较大,双层和单层均可用使用,若要达到果皮细而光滑,并可出口,最好套双层袋,外层为深褐或棕褐或灰白色,里表为黑色,内层亦为黑色。

(2) 纸袋规格:目前我国商品梨袋主要有白色小蜡袋(5 毫米×7 毫米或 7 毫米×10 毫米)、外黄内黑的小中型双层果用袋(150 毫米×188 毫米)、外黄内黑的大型果用袋(160 毫米×198 毫米、165 毫米×200 毫米)、外黄内黑的超大型果用袋(170 毫米×210 毫米)、外黄内白(或外黄内黄)的中型果专用袋(160 毫米×198 毫米)、外黄内白的大型果用袋(165 毫米×200 毫米)、外黄内白的超大型果用袋(170 毫米×210 毫米)、黄色牛皮纸小型果单层袋(150 毫米×188 毫米)、黄色牛皮纸的大型果袋(165 毫米×200 毫米)、黄色牛皮纸超大型果用袋(170 毫米×210 毫米)。

(3) 纸袋的鉴别:同苹果纸袋质量鉴别法。

2. **套袋时期**

梨的不同品种套袋时期应有区别。果点大而密、锈斑严重及对轮纹病抗性弱的品种(如黄金梨等),应于落花后 10～15 天开始套小袋,落花后 30～40 天套双层大袋;其他品种于落花后 15～45 天开始套袋(梨果达大拇指大小时进行),尤其是青皮梨,在疏果作业完成后就应着手套袋。套袋过晚,果点变大,果实颜色也会变深。

一天中的套袋时间应以上午 9—11 时及下午 2—6 时为宜。与苹果一样有露时和雨天同样不能套袋,以免果皮表面积水引起黑点或果锈。

3. **套袋方法**

对于要套双层袋的品种,要先套小蜡袋,但无论哪个品种,第二次套大袋时,第一次的小蜡袋不必摘除,随幼果的生长发育,幼果膨大就会自然将小蜡袋撑开,留在大袋内对果实外观品质没有影响。

(1) 套袋前的准备

① 套袋前喷药:套袋前一定要喷杀虫杀菌混合药 1～2 次,重点喷果面,杀死果面上的菌虫。用药对象主要针对黑星病、黑斑病、轮纹病、梨木虱、康氏粉蚧、黄粉蚜、食心虫等。

下面提供几个梨果套袋前用药方案,供大家在生产中参考。

Ⅰ.42%喷富露悬浮剂 800 倍＋70%纳米欣可湿性粉剂 1200 倍＋40%果隆悬浮剂 12000 倍＋1.8%阿维菌素微乳剂 4000 倍＋乳酸钙 600 倍＋柔水通 4000 倍。该方案适用于防治黑星病、黑斑病、轮纹烂果病和梨木虱、叶螨、各类食心虫等的果园。

Ⅱ.65%普德金可湿性粉剂 600 倍＋10%世高水分散粒剂 2000～2500 倍＋40%果隆悬浮剂 12000 倍＋1.8%阿维菌素微乳剂 4000 倍＋美林钙 400 倍＋柔水通 4000 倍。该方案适用于黑星病、黑斑病、轮纹烂果病和各类食心虫、梨木虱、康氏粉蚧、黄粉蚜、卷叶蛾和叶螨等的果园。

Ⅲ.50%鸽哈悬浮剂 1500 倍＋70%宝贵水分散粒剂 15000 倍＋25%灭幼脲三号悬浮剂 2000 倍＋盖利施 400 倍＋柔水通 4000 倍。该方案适用于防治白粉病、黑星病、黑斑病、轮纹烂果病和各类食心虫、梨木虱、康氏粉蚧、黄粉蚜、卷叶蛾和叶螨等的果园。

Ⅳ.大生 M-45 可湿性粉剂 800 倍＋70%甲基托布津可湿性粉剂 1000 倍＋1.8%阿维菌素微乳剂 4000 倍＋2.5%功夫水乳剂 3000 倍＋巨金钙 600 倍＋柔水通 4000 倍。该方案适用于防治黑星病、黑斑病、轮纹烂果病和梨木虱、各类食心虫、叶螨、卷叶蛾等的果园。

② 套袋前浇水：套袋前 3～5 天要浇一遍水，以防发生日灼。

③ 果袋准备：在套袋前 1～2 天将整捆纸袋袋口向下倒竖在潮湿处或放在水中稍湿润一下，使袋口潮湿、柔软，以方便扎紧袋口。

(2) 套袋方法：为了提高套袋效率，操作者可准备一围袋围于腰间放果袋，使果袋伸手可及。套袋时严格选择果形长、萼紧闭的壮果、大果、边果套袋。中心果、边果、伤病果、畸形果以及见不到光的果都不能套，套了也不会增加太多的经济效益。每花序只套 1 果，1 果 1 袋，不可 1 袋双果。

① 小袋的套法：需要套小袋的品种在落花后 1 周即可进行，落花后 15 天内必须套完，使幼果度过果点和果锈发生敏感期，待果实膨大后自行脱落或解除。由于套袋时间短，果实可利用其果皮叶绿素进行光合作用积累糖分，因此套小袋的果实比套大袋的

果实含糖量降低幅度小,同时套袋效率高、节省套袋费用,缺点是果皮不如套大袋的细嫩、光滑。梨套袋用小袋分带浆糊小袋和带捆扎丝小袋两种,后者套袋方法基本与大袋相同,带浆糊小袋的套袋方法是把果实由带浆糊部位的一侧纳入袋中,用左手压住果柄,再用右手的拇指和食指把带浆糊的部分捏紧向右滑动,贴牢。

套袋过程中注意小袋使用的是特殊黏着剂,雨天、有露水时黏着力低。小袋开封后尽可能早用,不要留作下一年再用,否则黏着力降低。另外,风大的地区易被刮落,应用带捆扎丝的小袋。

② 大袋套袋方法:大袋套袋方法及注意事项同苹果套袋方法,操作者可参照苹果的套袋方法执行。

三、套袋后的管理

1. 套袋后定期检查

根据降雨刮风天气情况,及时检查果袋口包扎状况。若袋口松懈,要重新认真扎好,纸袋破损的一定要换上新袋。

2. 套袋后的水、肥管理

(1) 及时追肥:果实套袋遮光,不利于糖类等内含物的积累,为提高果实品质,应特别注重壮果肥的施用,施肥量应占全年的40%左右。施肥时期在新梢停止生长后,以有机肥为主,减少氮肥比例,增加磷、钾肥,补充钙、镁、硼等微量元素。全年氮、磷、钾的比例为1:0.5:1。果实生长发育期叶片多次喷施氨基酸营养液,对提高叶片的光合作用,改善果实品质有较好的效果。

(2) 水分管理:北方梨区一般为6月,此时雨季尚未来到,新梢停长或生长缓慢,果实体积增大速度相对较快,同时也正是花芽分化的开始期。如遇水分胁迫,即会造成果实生长与花芽分化的水分竞争,不利果实的增大、影响当年产量,又会影响花芽分化、不利来年的产量。故需及时浇水以便为连年丰产、稳产奠定良好的基础。

如出现严重积水现象,应及时采取措施排水;梨园生草或地面覆盖能有效改善生态环境,减少锈果发生。

3. 夏季修剪

生长期修剪能减少养分消耗,改善树冠光照条件,提高果实品质。具体方法是新梢旺长期对长梢进行摘心,2次梢留20厘米反复摘心。5~6月疏去密枝、竞争枝、交叉枝、徒长枝。6~7月对方位好的背上枝拉平或拿枝。

4. 套袋后的病虫害防治

果实套袋后受病虫害侵染的机会明显减少,梨园喷药次数明显减少;但由于果实一直生长在一个相对密闭的环境中,有些次要病虫害逐渐变成主要病虫害,如黄粉蚜、康氏粉蚧等。病虫害防治要针对这些变化,重点防治黄粉蚜、康氏粉蚧、黑斑病、轮纹病、黑星病等病虫。

(1) 梨腐烂病:发生和为害遍及全国各梨产区,以华北和东北地区发生较重,是梨树最重要的枝干病害。

【发病症状】主要为害主枝和侧枝皮层。在衰弱树或1、2年生枝条上病害扩展迅速,很快将枝条皮层环绕腐烂,造成枝条干枯死亡。发病初期病部稍隆起,水渍状,红褐色至暗褐色,手压病部稍下陷并溢出红褐色汁液。病部多为椭圆形,组织解体易撕裂,发出乙醇气味。在较抗病的梨树上,病部扩展比较缓慢,多限于表皮,很少扩展环绕整个枝干。在西洋梨等感病品种树上,病部扩展较快,常烂到木质部,形成层被破坏,不能长出新树皮使枝干死亡。

【发病规律】病菌以菌丝、分生孢子器和分生孢子在病树上越冬。第二年春靠风、雨、水将孢子分散传播开来。病菌可以从枝条皮孔、伤口、虫孔等处侵染,形成春秋两季的发病高峰。树体被病菌侵染后是否致病,依树势的强弱而定。若树势强不会立即致病,而呈潜伏侵染状态;当树势或部分枝干衰弱时,病菌由潜伏状态转变为致病状态,表现出病症。一般幼树发病轻,老龄树发病重;春秋两季发病重,夏季基本不发病。

【防治方法】

① 农业防治:合理负载,加强水肥管理;尤其应注意有机肥的施用和氮、磷、钾及各种微量元素的平衡,以维持健壮树势。

剪除带病菌的枝条,锯掉死枝,挖除病死树,剪截病死剪口和愈合不好的树桩,刮除长出病菌孢子器的锯口和病皮烧毁。保护伤口;清除园内带菌枝条,禁止使用带菌枝条作为撑棍。

② 药物防治:根据腐烂病周年发生规律,病斑刮治的重点时期应在春季果树发芽前后、落花后和晚秋 3 个时期,其中果树发芽前后一般检查刮治 2~3 遍,刮老翘皮边缘以及下部的小病块;果树落花后,刮除新出现的腐烂病斑;秋季采果后,在果树当年形成的落皮层边缘,形成许多未烂到木质部的表层溃疡型腐烂病斑,为防止病斑缓慢扩展,应重点刮治。春季刮治因病斑多烂到木质部,多刮成"梭行立茬",夏秋季因病斑多烂到木质部,为减少刮治过多地伤害活树皮组织,故应采用从外向里片削的刮治方法;涂抹防腐抗菌药剂,如 40% 福美胂 50 倍液、843 康复剂、果复康等,将树皮清出梨园,深埋或烧毁;对于病情重、树势弱、树体内潜伏病菌较多的梨园,喷施 40% 福美胂 100 倍液、50% 乾坤宝 1000 倍液、50% 多菌灵 500 倍液等。

对于已发病,但还有生产价值的梨树,可用憋芽、重新嫁接等方式恢复树势,但要提高嫁接部位,在干高 50 厘米处。对于病情严重,且无生产能力的梨树,及早更新。

入冬前在树干上涂石硫合剂,防治优斑螟。

(2) 黑星病:梨黑星病又叫疮痂病,是中国南北梨区发生普遍,流行性强,损失大的一种重要病害。从落花期一直为害到果实成熟期。

【发病症状】能为害所有幼嫩的绿色组织,以果实和叶片为主。果实发病,病部稍凹陷,木栓化,坚硬并龟裂,不长黑霉。幼果受害为畸形果,成长期果实发病不畸形,但有木栓化的黑星斑。叶片受害,沿叶脉扩展形成黑霉斑,严重时,整个叶片布满黑色霉层。叶柄、果梗症状相似,出现黑色椭圆形的凹陷斑,病部覆盖黑霉,缢缩,失水干枯,致叶片或果实早落。

【发病规律】以分生孢子或菌丝体在腋芽的鳞片内越冬,也能以菌丝体任枝梢病部越冬,或以分生孢子、菌丝体及未成熟的子囊壳在落叶上越冬。越冬孢子经风雨传播,直接侵入,潜育14～25天发病,生长季节形成分生孢子不断再侵染。该病的发生与降雨关系很大,雨水多的年份和地区发病重。西洋梨和日本梨不感病,中国梨发病重。

【防治方法】

① 农业防治:秋末冬初彻底清除落叶和杂草,收集病果,集中烧毁,结合冬剪,剪除病枯枝,减少病菌越冬基数。加强土、肥、水管理,科学施肥浇水,增施有机肥,改善果园通风透光条件,提高植株抗病能力。

② 药物防治:发芽前喷50%代森胺400倍液,杀死菌源。开始发现病芽梢或病花簇、病叶时,进行第1次喷药,以后根据气候及发病情况,每隔15天左右喷药1次,共喷5～6次。结合防治其他病害选用的药剂有1∶2∶200倍波尔多液,50%多菌灵600～800倍液,70%甲基托布津800～1000倍液,80%代森锌600～800倍液,50%代森胺400倍液,80%敌菌丹800倍液,12.5%速保利3000～4000倍液,40%福星乳油8000～10000倍液,25%腈

菌唑乳油 4000 倍液,各种药剂交替使用。对发病基数大的果园,可于梨芽露绿前全树喷洒尿素水 10～20 倍液或硫氨水液 10～20 倍液,杀灭芽上病菌。

(3) 黑斑病:黑斑病是梨树上重要的病害之一,在我国主要梨区普遍发生。西洋梨、日本梨、酥梨、雪花梨最易感病。

【发病症状】该病主要侵染果实、并造成裂果,也可侵染叶片和新梢,严重发生会导致早期落叶。

【发病规律】病菌以分生孢子和菌丝体在被害枝梢、病叶、病果和落于地面的病残体上越冬。第二年春季产生分生孢子后借风雨传播,从气孔、皮孔和直接侵入寄主组织引起初侵染。初侵染发病后病菌可在田间引起再侵染。一般 4 月下旬开始发病,嫩叶极易受害。6～7 月如遇多雨,更易流行。地势低洼、偏施化肥或肥料不足,修剪不合理,树势衰弱以及蚜虫猖獗为害等不利因素均可加重该病的流行为害。

【防治方法】

① 农业防治:搞好果园卫生。发芽前及时剪除病梢,清除果园内病叶和病僵果。增施有机肥,避免因偏施氮肥而造成枝梢徒长;合理修剪维持冠内、株间良好的通风透光条件。

② 药物防治:发芽前喷 1 次 3～5 波美度石硫合剂,花后根据降雨情况结合其他病害的防治,每间隔 15～20 天喷 1 次杀菌剂,以保护果实和叶片。可选用药剂有 1∶2∶200 倍波尔多液、70%代森锰锌可湿性粉剂、50%百菌清可湿性粉剂等。

(4) 轮纹病:梨轮纹病的发生和为害遍及全国各梨产区,且近年来呈逐渐上升趋势。

【发病症状】病菌可侵染枝干、果实和叶片,其发生和为害可从梨树休眠一直持续到果实贮存,是梨树重要的病害之一。果实上一般越近成熟发病越重,病果很快腐烂;潜伏侵染的果实在贮存期发病腐烂,发生严重可招致"烂库",从而造成巨大的经济损失。

【发病规律】枝干病斑中越冬的病菌是主要侵染源。分生孢子翌年春天 2 月底在越冬的分生孢子器内形成,借雨水传播,从枝干的皮孔、气孔及伤口处侵入。轮纹病的发生和流行与气候条件有密切关系,温暖、多雨时发病重。

【防治方法】

① 农业防治:加强栽培管理,增强树势,提高抗病能力。从梨树萌芽之初开始,刮除树干上的病斑并带出园外集中烧毁;刮除后要及时涂抹 50 倍 402 抗生素或 1∶2∶200 倍波尔多液或 40 倍轮纹铲除剂。

② 化学防治:4 月下旬至 5 月上旬、6 月中下旬、7 月中旬至 8 月上旬,每间隔 10～15 天喷 1 次杀菌剂。药剂可选用 50％多菌灵可湿性粉剂 800 倍;50％克菌灵可湿性粉剂 500 倍;70％甲基托布津可湿性粉剂 1000 倍;50％退菌特可湿性粉剂 600 倍;70％代森锰锌可湿性粉剂 900～1300 倍;40％杜邦福星 8000～10000 倍;30％绿得保杀菌剂(碱式硫酸铜胶悬剂)400～500 倍;50％甲霉灵或多霉灵可湿性粉剂 600 倍;12.5％速保利可湿性粉剂 3000 倍;80％大生 M-45 可湿性粉剂 600～1000 倍;6％乐必耕可湿性粉剂 1000～1500 倍。

(5) 梨小食心虫:我国各梨产区普遍发生且为害严重,由于其有转主为害的特性,以桃、梨毗邻的梨园发生较为严重。

【发病症状】幼虫从果实的萼洼、梗洼处蛀入,直达果心,被害果实常常自蛀孔周围开始变黑、腐烂,俗称"黑膏药",这也是梨小食心虫典型的为害特征。

【发病规律】华北地区 1 年 3～4 代,以老熟幼虫在梨树枝干裂皮缝隙、树洞和根颈周围的土中结茧越冬。华北地区 4 月上中旬开始化蛹,受食物和气候的影响,发生期很不整齐、世代重叠现象明显;第一、第二代幼虫主要蛀食桃或苹果新梢,自 7 月中下旬开始,梨果进入迅速膨大期,果实内含糖量迅速提高,此时梨小食心虫已进入第三、第四代,即开始蛀食梨果、直至采收。

【防治方法】

① 农业防治:在果园规划时避免梨、桃混栽,冬季可结合其他病虫害的防治刮除树上的老翘皮,消灭越冬代幼虫;7月份前及时防治桃、苹果上的梨小食心虫,并结合田间其他作业,剪掉梨小食心虫为害的新梢并及时处理,以降低后期梨树上的虫源基数。

② 生物防治:充分利用梨小食心虫性诱剂诱杀。

③ 化学防治:可选用功夫菊酯、速灭杀丁、灭幼脲3号、除虫脲、阿维虫清等药剂。

(6) 梨木虱:是我国梨树主要害虫之一。

【发病症状】以成、若虫刺吸芽、叶、嫩枝梢汁液进行直接为害,分泌黏液,招致杂菌,使叶片造成间接为害、出现褐斑而造成早期落叶,同时污染果实,严重影响梨的产量和品质。

【发病规律】在东北地区1年发生3~5代,在冀中南部区一年发生6~7代。以冬型成虫在落叶、杂草、土石缝隙及树皮缝内越冬。全年均可为害,7~8月份,雨季到来,由于梨木虱分泌的胶液招致杂菌,在相对湿度大于65%时,发生霉变,致使叶片产生褐斑并坏死,引起早期落叶。

【防治方法】

① 农业防治:越冬前结合秋施基肥或冬灌,彻底清理园内枯枝、落叶和各种杂草;冬天浇冻水,可冻死部分越冬成虫;结合枝干病害的防治,萌芽前刮除各种老翘树皮,压低越冬虫源基数,以减轻生长期用药压力。

② 化学防治:在梨落花95%左右,也是梨木虱防治的最关键时期。选用10%吡虫啉4000~6000倍液,1.8%爱诺虫清(齐螨素)2000~4000倍液,3.2%阿维菌素(4号)5000~8000倍等药剂和浓度,发生严重梨园,可在上述药剂及浓度下,加入助杀或消解灵1000倍液,有机硅等助剂,以提高药效。

（7）黄粉蚜：全国各梨区普遍发生，以河北省中南部梨区发生较重。

【发病症状】主要以成虫、若虫集中在梨萼洼部取食为害，也可在其他部位为害；对套袋绿皮梨的为害相当严重，受害部位初时为黄斑并稍下陷，而后变成黑斑并扩展；萼洼处受害能形成龟裂的大斑，使果实完全失去商品价值，发生猖獗时能造成绝收。受害部位有鲜黄色粉状物堆积其上，是黄粉虫的为害特征。

【发病规律】河北省中南部梨区 1 年发生 6～9 代，以卵在树翘皮缝、果台等处越冬。6 月上中旬向果实转移，8 月中下旬果实近成熟期达到为害高峰，果面能见堆状黄粉；8～9 月开始出现有性蚜，转移到果台、树皮缝等处产卵越冬。套袋不当或黄粉蚜入袋后，由于不易防治，繁殖更快，所造成的为害也更加严重。

【防治方法】

① 农业防治：结合其他病虫害的防治，冬季刮除树上的各种老翘皮；结合冬剪，消除树上的各种残附物并集中烧毁，以消灭越冬虫卵。

② 化学防治：药剂防治要抓住两个关键时期：一是越冬卵孵化期（梨花芽绽放期）。可用 40％氧化乐果乳油喷雾，重点喷树干和主、侧枝，消灭在此为害的若虫。二是若虫上果为害期（6 月中下旬）。选用 40％氧化乐果乳油或 80％敌敌畏乳油 1000 倍液、20％氰戊菊酯乳油或 2.5％溴菊酯乳油或 10％氯氰菊酯乳油 2000 倍液、10％吡虫啉可湿性粉剂 3000 倍液喷布。

（8）康氏粉蚧：康氏粉蚧又称梨粉蚧、李粉蚧、桑粉蚧，近年来由于大力推广梨套袋栽培，为其提供了一个很好的生存环境，很易遭其为害。

【发病症状】康氏粉蚧以若虫和雌成虫吸食嫩芽、嫩叶、果实、枝干及根部的汁液为害嫩枝和根部，被害处常肿胀，可削弱树势，严重时会造成树皮纵裂而枯死。入袋为害时，则群居在萼洼和梗洼处,分泌白色棉絮状蜡粉,污染果面。吸取果汁后可造成组织坏死,出现大小不等的黑点或黑斑,甚至腐烂,失去商品价值和食用价值。

【发病规律】华北地区1年发生3代,以卵在树体上的各种缝隙及主干基部的土石缝中越冬。梨发芽时,越冬卵孵化,爬行到幼嫩的枝叶上为害。第一代若虫的盛发期为5月中下旬,这是防治的一个关键时期;而此时又正是梨幼果套袋时期,所以对套袋栽培、此期的化防工作就显得更加重要;第二代若虫的盛发期为7月中下旬、第三代盛期为8月下至9月上旬;9月中下旬开始羽化并交配产卵越冬。

【防治方法】

① 农业防治:冬季结合清园细致刮除粗老翘皮,清理旧纸袋、病虫果、残叶及干伤锯口,压低越冬基数。春季发芽前喷布3~5波美度的石硫合剂或索利巴尔50~80倍液。在花序分离期可选用52.25%赛保1000倍液,消灭越冬的卵和虫。

② 化学防治:套袋前的防治(5月上旬),此时正值一代卵孵化盛期,幼虫聚集在一起尚未扩散。可选用52.25%赛保2000倍或48%乐斯本1200~1500倍喷雾防治。

套袋后康氏粉蚧开始向袋内转移,所以防治的最佳时期是在套袋后5~7天。药剂选用52.25%赛保1500倍或48%乐斯本1200~1500倍喷雾防治,间隔10天再防1次,同时赛保对梨黄粉蚜有非常优秀的防治效果。7月中旬、8月下旬是二、三代若虫发生的盛期,是在袋内发生,同时也是一个康氏粉蚧向其他套袋转移扩散为害的盛期,应结合解袋调查注意防治。

(9) 生理性缺铁病:因缺铁引起的生理性病害。

【发病症状】发病植株新梢叶片变黄、甚至变白,故称为"黄叶病",严重时在叶片上形成坏死斑和叶缘焦枯,因而影响到树势;使发病植株的枝条发育不充实,抗寒性下降,萌芽率降低。

50

【发病规律】北方梨区广泛发生。其中以东部沿海、近海地区和内陆低洼盐碱地区发生较重，而且往往是成片发生。

【防治方法】

① 农业防治：每年秋天挖沟，将好土和杂草、树叶、秸秆及适量的碳酸氢铵和过磷酸钙混合均匀后回填，第一年沿行间的一侧开沟，第二年则于另一侧开沟。如此，经过4～5年的开沟改土，不仅全园的土壤均得以改良，而且还能极大地提高土壤有机质的含量，为优质、丰产奠定基础。

平衡施肥，尤其要注意增施磷钾肥、有机肥及各种微肥。

② 药物防治：叶面喷施300倍硫酸亚铁。根据黄化程度，每间隔7～10天喷1次，连喷2～3次即可有效控制症状；也可根据历年黄化发生的程度，对重病株芽前喷施80～100倍的硫酸亚铁。另外，柠檬酸铁和黄腐酸铁也可起到矫正缺铁的作用。

(10) 缺硼病：北方梨区普遍发生的一种生理性病害。

【发病症状】缺硼在果实上形成缩果症状，称为"梨缩果病"，在其他组织器官上的症状不明显。

【发病规律】不同品种对缺硼的耐受能力不同、缩果症状差异也很大；即使在同一品种上，也会因发生程度的差异而表现出不同症状。在鸭梨上，严重发生的单株自幼果期就显现症状，果实上形成的数个凹陷病斑，严重影响果实的发育，凹陷部位皮下组织木栓化，最终形成"猴头果"；而轻度或中度发生者，不影响果实的正常膨大，在果实生长的后期出现数个深绿色凹陷斑，随果实的发育凹陷加剧，最终导致果实表面凹凸不平(梨农称之为"疙瘩梨")。在砂梨的一些品种上凹陷斑变为褐色，斑下组织亦变褐、木栓化，甚至形成龟裂。

【防治方法】

① 农业防治：首先应注重有机肥的施用；干旱年份注意及时浇水，低洼易涝园地注意及时排涝，维持适中的土壤水分状况；以

利硼素的吸收,保证树体、果实的正常发育。

② 药物防治:对有缺硼症状的单株和园地,从幼果期开始,每隔 7～10 天喷施 300 倍硼砂溶液,一般连喷 2～3 次,即能收到较好的防治效果;也可以结合春季施肥,根据植株的大小和缺硼的程度,单株根施硼砂 100～150 克。

四、脱袋前后的管理

1. 摘袋前的管理

在除袋前 7～10 天,疏除冠内徒长枝、主枝背上直立旺枝、外围竞争枝、部分遮光的新梢,增加光照,提高果实着色度。

2. 摘袋

梨果套袋后比不套袋梨果含糖量有所下降,采前除袋在一定程度上增加果实的含糖量,但效果不甚明显,反而对果点和果皮颜色有较大影响,所以采前除袋降低了套袋改善果实外观品质的效果。因此,对于不需要着色的品种应带袋采收,等到分级时除袋,这样可以防止果实失水、碰伤和果面的污染。对于在果实成熟期需要着色的品种如红皮梨,套袋一般用双层袋,应在采收前 2～3 周除袋,为防止日灼,可先除外袋,内袋过 2～3 个晴天后再除掉,去除内袋后红皮梨很快着色,外观更加漂亮。

五、采收与包装

根据果实成熟度、用途和市场需求综合确定采收适期。

1. 适时采收

梨果采收期的选择对贮藏的影响很大。梨的成熟可分为三个阶段：一为可采成熟期。此期物质的积累过程已基本完成，开始呈现本品种固有的色泽和风味，果实体积和重量不再明显增长，一般果皮颜色为黄绿色。二为食用成熟期。果内积累物质已适度转化，呈现出本品种固有的风味，果肉适度变软，一般果皮颜色为绿黄色。三是生理成熟期。果肉明显变软，种子充分成熟，果实开始自然脱落。用于长期贮藏的梨，选在可采成熟期采收；用作近期贮藏或加工的梨，选在食用成熟期采收。一般来说，采后冷藏的鸭梨应在盛花后 150～155 天采收，雪花梨在 140～145 天采收；采后近期销售鸭梨应在盛花后 155～160 天采收，雪花梨在 145～150 天采收。

2. 包装

除袋品种梨果用包果纸包装，外加网套。采用有无公害食品标志的瓦楞纸箱，箱内有纸板，纸格隔开，每格大果 1 个，装满后用胶带封箱，待运市场或库藏。不除袋品种采收时连同果实袋一并摘下放入筐中，待装箱时再除袋分级。既可防果碰伤，保持果面净洁，又可减少失水。

3. 采果后的管理

(1) 深翻树盘、施基肥：果树新梢停长后至封冻前，在树下深翻 20 厘米左右，打碎土块，疏松土壤，增加土壤空隙，促进微生物活动，同时促进根系发育，这对多年生的梨树十分必要。

结合深翻树盘施基肥，基肥以堆肥、厩肥、圈肥、绿肥、作物秸秆及人粪尿、鸡粪等为主。施用作物秸秆需加入少许氮肥，以利微生物的活动、加速秸秆的腐熟；鸡粪等动物粪便需经 50℃以上发酵 7 天。秋施基肥的效果要好于春施。

① 条沟施肥：对成龄大树，于行间或株间挖长与冠径相同或稍长、深 50 厘米、宽 50 厘米的条沟，将肥料施入后覆土填平；幼树则于树冠外围挖沟（长、宽、深要求同成龄大树），将肥料施入即可。

② 环状沟施肥：于树冠外围 20～30 厘米处挖一宽 50 厘米、深 50 厘米的环状沟，将肥料施入即可。此法对水平根的伤害较多，且作用面积较小，一般多用于幼树期。

③ 放射沟施肥：以树干为圆心，等距离挖 6～8 条放射状沟，深 50 厘米左右（沙地可适当浅挖，以 30～40 厘米为宜），且要求内浅外深，沟长因树冠大小而定，一般以树冠外围为中心，内外各 1/2，然后将肥料施入，并注意冠外多施、冠内少施。次年以同样的方法，调换施肥位置，如此亦达到全园施肥的目的。

④ 全园施肥：只适用于成龄梨园。具体方法是将肥料均匀地撒布于全园，之后翻入土中。密植园可采用全园施肥，但因施入深度不够，同时根系又具有向肥性，常会造成根系上浮，降低根系的抗逆性和树体的抗旱耐涝能力。幼树期因根系尚未布满全园，如进行全园施肥，会造成人力物力的浪费，所以不宜采用。

(2) 采果后的病虫害防治：采果后主要防治对象有梨黑星病、梨木虱、黄粉蚜、康氏粉蚧等。药剂选用多菌灵、甲基托布津、菊酯类、硫悬浮剂等，可适当加大浓度。霜降前果树大枝杈绑草把，引诱梨木虱、黄粉蚜、康氏粉蚧等害虫潜入草把越冬，12 月份取下草把焚烧。杂草、枯枝、落叶、残果应彻底清理，集中深埋或烧毁。

(3) 浇水：梨树采收前一般不宜浇水，以确保果品质量；而采收后浇水能起到保护叶片、提高光合效率的作用。尤其早中熟品种，对恢复树势、增加树体营养及促进根系发育具有重要作用。此次浇水于秋施基肥后进行即可。

封冻前宜浇透水一次，以使土壤贮备充足的水分，利于肥料的分解和根系的吸收，从而起到促进树体的营养积累、提高树体抗寒能力的作用。此次浇水在北方梨区尤为重要。

(4) 树干涂白：涂白最好在落叶后至封冻前，涂白剂配方见本书第一章。

(5) 合理冬剪：套袋梨树，特别是全园全树套袋梨园，冬季整形修剪方法与无袋栽培大不相同，具体要求如下：

① 结果初期梨树的修剪：结果初期梨树的生长势仍较旺盛，修剪任务以继续扩大树冠和培养结果枝组为主，达到既长树又结果的目的，为高产奠定基础。

在修剪时，要注意对中心干的培养，控制竞争枝，使其在中心方向生长并保持一定优势。如果中心干的生长势较弱，可将下部主枝上较强或较直立的枝除去或回缩，以削弱主枝的生长势；同时要增强中心干的生长势，可选用壮枝换头。中心干过强而影响主枝生长时，也可用换头的办法控制，即将中心干从2～3年生的部位剪去，选留下面一个比较开张的侧生枝代替原来的中心干。

此后随着树冠的扩大，每年根据主侧枝头的生长情况进行适当短截，一般可留40厘米左右。中心干达一定高度后，一般在全部主枝形成、最后1个主枝达3～4年生时，剪去中心干的直立部分，控制中心干不过高，并促使各主枝横向生长，以加速树冠扩大。树冠外围枝条生长过密的应进行适当疏间，以利通风透光。

有些品种分枝角度较小，幼龄和初结果树枝条多直立生长，一般到盛果期才能逐渐开张。对这些品种，修剪时不应因树冠直立、枝条密挤而大量疏间，而应采用支、拉、撑的办法展开树冠。

② 盛果期梨树的修剪：盛果初期的营养生长仍然比较旺盛，此后随着树龄的增大、结果的增多，生长势逐渐减弱。这一时期修剪，应掌握适当轻剪、轻重结合的原则，主要是调节生长与结果的关系，保持树体健壮，为高产稳产和延长盛果期年限创造条件。生产经验证明，在树势健壮的基础上，适当轻剪有利于健壮果枝的增加，并能提高产量。但是，连年轻剪会影响生长、削弱树势，果核多

而坐果率低,果实变小,影响产量和质量。因此,轻剪1～2年之后,当植株生长转弱时,就应及时加重修剪,促使树势复壮;树势复壮后,再适度轻剪。

盛果期梨树的树形早已形成,一般不需剪除大枝。过去放任生长或管理粗放的梨树,修剪时应慎重处理,除过密确无空间的进行疏除外应尽量保留,并改造成大型结果枝组。各主枝先端衰弱,或主枝下部的枝组衰弱时,应进行回缩。根据其衰弱程度,可从3～5年部位缩剪,剪口下选留一个生长较壮并且向上斜伸的分枝,抬高枝头角度。

各级骨干枝上着生的中小枝,多分布在树冠外围;且因连年分枝,常表现重叠交叉,枝条密挤。对于这类枝条,要适当疏间或回缩;但要注意枝条的从属关系和生长方向,应尽量疏间下垂枝和直立枝,保留平伸或向上斜伸的枝,以利成花结果。凡是生长细弱、冗长下垂的多年生分枝,都应从生长较壮或有斜伸分枝的地方回缩,以利复壮并成花结果。

过密的一年生枝应适当疏间。不需要扩展树冠的大树膛内的一年生枝,不要年年进行短截修剪,可采取一放一缩的修剪法(一年缓放不剪,以利分生较多的果枝;下年在果枝处回缩)。这样,既能成花结果,又能维持枝条健壮生长。

膛内较大的骨干枝上常出现徒长枝,如果放任不管,就会影响树形并削弱树势。这种徒长枝在盛果期前一般多疏除;到盛果期后,膛内果枝逐渐死掉,出现光秃带,就应培养改造利用徒长枝(第一年适当长留,当年可发生分枝;第二年回缩上部过强的分枝,留下3～8个垂直角度大、长势较弱的分枝),这样培养能缓和其生长势,经2～3年即可培养成结果枝组。

③衰老期梨树的修剪:衰老期梨树的特点是树势衰弱,外围新梢很短,产量显著下降,果实变小,品质变劣;骨干枝或多年生大枝发生自然枯死现象,结果枝衰弱,徒长枝局部出现,即自然更新。

出现这些现象,就应采取老树更新复壮修剪,尽量延长结果年限的措施。

Ⅰ.回缩修剪,促进生长:为恢复树势,只对个别缩剪,往往达不到刺激发生强旺枝的目的。因此,要对一定数量的骨干枝和多年生枝选择良好的背上枝回缩更新。

Ⅱ.利用徒长枝补冠增产:回缩修剪后,冠内潜伏芽萌生许多徒长枝,这就奠定了老树更新的基础。一方面可利用徒长枝充实残缺不全的树冠,培养与补充骨干枝,恢复生长势;另一方面可利用徒长枝培养新枝组,增加产量。修剪时应截放结合,着生在大空间的徒长枝,通过短截,多发生分枝,可逐步形成大型枝组;空间小的徒长枝,轻剪长放,促其成花,培养中、小枝组。更新复壮的树,新生强旺枝多,剪法基本同幼树,否则结果不良。

另外,老树骨干枝的更新修剪一般应分期分批逐年进行,并根据各骨干枝的衰弱情况决定回缩更新的先后和程度,且宜早不宜迟;极度衰老时再一次性全树更新的做法,不宜提倡。

④ 运用修剪措施调整梨树的大小年结果现象:进入盛果期的梨树,如果管理不当,很容易出现"大小年"结果现象。运用修剪技术加以调整,是克服"大小年"的一种方法。目前有两种做法:一是从大年入手,严格控制花芽量,在获得丰产的同时,又为小年准备适量花芽;另一种是从小年入手,在尽量保花保果的同时,通过枝组的缩剪,控制成花量,并使其有一定的营养生长。从小年入手收效较慢,但不管从哪年做起,都要掌握如下几点:

Ⅰ.大年冬剪要本着"多疏间花芽,多留预备枝"的原则,适当疏除短果枝群上过多的花芽,并适当缩剪花量过多的结果枝组。具有顶花芽的中、长果枝,要打头去掉花芽。长势中庸的中、长枝条,不疏不截,作为预备枝,来年结果。生长势较弱的结果枝和枝组,要强调疏密、疏弱、留强,并用剪口留壮芽、留抬头枝的方法复壮。适当疏除过多、过密的辅养枝和大型结果枝组。

Ⅱ.小年冬剪要本着"多留花芽,少留预备枝"的原则,尽量保留花芽,以保证小年的产量。健壮的一年生枝,留1个饱满芽重短截,促生新枝,加强营养生长,减少来年的花量。结果枝组的修剪要视成花情况而定,后部分枝有花而前部无花的,可回缩到有花的分枝上。

采用以上方法,再配合肥水、疏果、人工授粉等措施,就能有效地减轻"大小年"结果差异的幅度。

第三章　桃果套袋技术

桃果套袋的主要作用是可以改善果实面色泽,提高果品的外观质量,果实表面光洁,全面着色,鲜丽美观,并有效防止食心虫、蜷螬以及桃炭疽病和白粉病等病虫为害,并可减轻冰雹等自然灾害的损害。

桃果套袋主要对中熟和晚熟品种,特别是晚熟品种,如八月脆、国光蜜、处暑红、红雪桃、莱州仙桃、中华寿桃等,一般极早熟和早熟品种不套袋。

一、套袋前的树体管理

1. 萌芽前喷药

桃树萌发前,喷布5波美度的石硫合剂、80％敌敌畏1500倍液(或50％辛硫磷1000倍液)或45％晶体石硫合剂50倍液,消灭越冬蚜虫、桑白介壳虫等害虫以及褐腐病、穿孔病、疮痂病的初侵染源。

金龟子为害严重的果园可多点挂糖醋罐,或在园内放置拌了辛硫磷的菠菜,还可根据金龟子的假死现象,于晚上或凌晨及时振树捕杀(树下铺塑料薄膜,摇树振落金龟子,掀起塑料膜将其倒入容器中杀死)。

2. 套袋前的肥、水管理

桃树的肥料施用量应根据土壤的肥力、树龄、品种、产量、气候

59

因素等灵活确定。土壤肥力低、树龄高、产量高的果园,施肥量要高一些;土壤肥力较高、树龄小、产量低的果园施肥量适当降低。品种较耐肥、气候条件适宜、水分适中施肥量要高一些,反之,施肥量应适当降低。若有机肥的施用量较多,则化学肥料的施用量就应少一些。

(1) 追花前肥:立春后气温回升,达到适宜温度时,土壤中的微生物和桃树根系活动加快,对营养的需求量逐渐增大。因此,芽前肥应在立春前 15 天施用,既可弥补果后施肥不足或未施肥的问题,又能及时补充桃树树体内养分的不足。追芽前肥幼树及旺树可免施,否则会引起枝叶徒长。成龄树(5 年生以上桃树)开花前可适当追肥弥补树体营养不足,每株桃施氮 0.5 千克,钾 0.3 千克,磷 0.2 千克,并与腐熟人粪尿混合后作根外追肥一同施入。

桃树开花时需充足的养分,才能保证根系发达,枝叶茂盛,使幼树、幼果,新梢生长正常,使老年树焕发"青春",健康生长。此次施肥应在开花前 15~20 天进行,以氮肥为主,每株可施 0.5~1 千克氮肥,硼肥 0.25 千克,注意一定要混合农家肥混施。

(2) 浇花前水:为保证萌芽、开花坐果的顺利进行,需浇透、浇足水,渗水深达 80 厘米,但不宜频繁浇水,以免降低地温,影响根系的吸收。

(3) 花期喷肥:沙地桃园易缺硼,对上年出现枝条顶枯和果实畸形现象的果园,花期喷 0.2%~0.3% 的硼砂。谢花后,每隔 15 天喷氨基酸微肥加磷酸二氢钾 300 倍液,连喷 3~4 次可减轻桃裂果,并可增产。

3. 人工授粉

桃树是自花结实率较高的树种,但采用人工授粉技术可有效地提高坐果率、提高桃果的品质,是增强桃果市场竞争力、增加果农收入的有效手段之一。

(1) 采花:在预定授粉前的2～3天,采集相同树种或花期提前几天桃树品种的大蕾期(花瓣已松散而尚未开放的花蕾)的花朵。由于授粉树本身也要结果,因此要留下一定数量的花。原则上采花的部位在枝条的两端,或向上生长的花朵,留下中间、靠近枝条叶片的花朵。采花的数量可根据授粉面积,采花树的花量等确定。

(2) 取花粉:将采下的花蕾带回室内,用手轻揉,使花药全部落入预先垫好的白纸上,然后拣去花瓣、花线,把花药薄薄地摊开,放到干燥通风的室内,避免阳光直射,保持20～25℃的室温,最高不超过28℃。经36－48小时,花药开裂,花粉全部散出,用细筛把花粉筛出,并搜集起来,放到干燥的小瓶内避光保存备用(在适宜条件下,花粉可储存2年)。

(3) 授粉的最佳时间:桃树的开花时间可持续1周,而开花后1～2天内柱头的分泌物最多,是接受授粉的最佳时期,柱头授粉的有效期为3～5天。具体是在所栽品种的盛花初期,上午开花后到下午2时之间进行为宜。开花后4小时,授粉坐果率为80%。最好在开花高峰后4小时内授第1次粉,在花开全后再授一次(看花萼底部,白色的需进行重复授粉,而变为红色后就可以不再授粉了)。

(4) 授粉方法:晴天时采用人工点授法或人工撒粉授粉效果好时,在阴雨天时可采取溶液授粉法。

① 点授法:为节约花粉用量,原花粉与滑石粉按1∶3混合备用,最好用毛笔或带橡皮的铅笔点授,沾一次花粉可授5朵花左右。注意如果毛笔或带橡皮的铅笔沾水已湿,应该停止使用,并更换新的。

② 撒粉法:将花粉与干净无杂质的滑石粉或细干淀粉按1∶(10～20)的比例充分混合均匀装入纱布袋中,将纱布袋固定在长竹竿的顶端,然后在盛花期的树冠上抖动,使花粉飞落在柱

头上。

③ 溶液授粉法：花粉与 5％浓度的蔗糖溶液按 1∶10 混合，用小喷壶喷雾授粉。早期开的花结实率高，果个大，所以在第一批花开放时，授粉效果最好。由于花期不一致，按照开花先后顺序授粉时可进行重复授粉。

4. 合理疏果

盛果期的桃树，在适宜的气候条件下，着果量大大地超过负载量。在结果的同时，还将发生大量的新梢作为下年的结果枝，所以生长与结果的矛盾比较大，因此在改进栽培管理、提高产量的前提下，合理疏果可以调节养分，调节生长与结果的关系，调节局部结果与全株结果的关系，从而使果实增大，品质提高，减少病虫害，实现丰产、稳产、优质的目的。

疏果在花后 15～20 天进行，留果量应根据历年产量，当年的生长势，坐果情况而定。一般长果枝上大型果留 1 个，中型果留 2 个，小型果留 4 个；中果枝上大型果留 1 个，中型果留 1 个，小型果留 2 个；预备枝上不留果。留果部位，长果枝留中间的，中、短枝留先端的。

疏果时，应以留优去劣为原则，将小形、畸形、病虫果疏去，留发育正常的大果，从着生的位置考虑，应疏去并生、朝上及无叶小果，疏果时，应由内到外，从上到下，做到枝枝必疏，防止漏疏或损伤已疏部位的果实。疏果要在花后 1 个月内完成，在桃硬核期完成定果，为套袋做好准备。

二、套袋技术

1. 果袋选择

桃果袋按材质可分为纸袋、塑料膜袋、液膜果袋和无纺布袋等,按颜色可分为白色、黄色、橙色等,果袋尺寸为(13~15)厘米×(17~20)厘米,小型果用小袋、大型果用大袋,也可选用专用袋,如中华寿桃双层木浆深色纸袋,规格为 17 厘米×21 厘米。

纸袋的选择可根据品种特性、立地条件灵活选用。一般要求中、早熟品种或设施栽培选用白色或黄色袋,晚熟品种用橙色袋或褐色袋,极晚熟品种使用深色双层袋(外袋为外灰内黑,内袋为黑色);容易着色的品种可选用白色或黄色单层果袋,难以着色品种选用外白内黑的复合单层袋或外层为外白内黑的复合单层纸、内层为白色半透明的双层袋。成熟期经常遇雨的地区宜选用浅色袋,不宜选用深色袋;南方多雨潮湿地区,应选用防水、透气性好的果袋,以防止果锈和褐斑病的发生。

2. 套袋时间

套袋在疏果 3~4 周后进行,时间要在当地主要蛀果害虫蛀果以前完成。套袋一般在晴天上午 9—11 时,下午 3—6 时进行。

3. 套袋方法

(1) 套袋前的准备

① 套袋前喷药:套袋前 1~2 天全园喷一遍杀菌剂和杀虫剂,以有效地防治烂果病、蚜螨类等病虫的为害。药剂可选喷克 600 倍、70%甲基托布津 800 倍、宝丽安 1500 倍、高渗灭杀净等。不要用有机磷和波尔多液,防止果锈产生。

② 果袋准备：套袋前先将整捆果袋放在潮湿处，让它们返潮、柔韧，以便于使用。

(2) 套袋方法：套袋方法及注意事项同苹果套袋方法。

三、套袋后的管理

1. 套袋后的检查

套袋后要随时进行田间检查，发现开口或破损要及时更换。

2. 套袋后的肥、水管理

套袋桃园加强肥水管理和叶片保护，以维持健壮的树势、满足果实生长需要。

桃树花后至硬核期时，枝条、果实均生长迅速，需水量较多。但在硬核期，水分过多则新梢生长过旺，会引起落果，所以浇水量不宜太多。一般早熟品种在桃果成熟前 2～3 周，中、晚熟品种在成熟前 1 个月左右，是桃果快速生长时期，需要大量的肥水供应。这个时期追肥浇水，既增加产量，又提高质量。桃树是喜钾果树，因此果实膨大肥以氮、钾、肥为主，根据土壤的供磷情况可适当配施一定量的磷肥。施肥用量约占年施用量的 20％～30％左右，每亩可施用尿素为 8.6～20.8 千克或碳酸氢铵 22～57.5 千克，钾肥每亩可施用含氧化钾量为 50％的硫酸钾 12～30 千克或含氧化钾量为 60％的氯化钾 10～25 千克。根据需要可配施含五氧化二磷14％～16％的过磷酸钙 10～30 千克。

桃树对微量元素肥料的需要量较少，主要靠有机肥和土壤提供，如有机肥施用较多，可不施或少施；有机肥施用较少的可适当施用微量元素肥料。实际的微肥用量以具体的肥料计作基肥施用，硼砂亩用量 0.25～0.5 千克，硫酸锌亩用量 2～4 千克，硫酸锰亩用量 1～2 千克,硫酸亚铁亩用量 5～10 千克(应配合优质的有机肥一起施用,用量比为有机肥与硫酸亚铁肥 5：1),微肥也可进行叶面喷施,喷施的浓度根据叶的老化程度控制在 0.1% ～0.5%,叶嫩时宜稀,叶较老时可浓一些。

桃树怕涝,浇水宜在早、晚进行,以免水温与地温相差过大而起反作用,同时还应注意,只宜沟灌,不宜漫灌。另外,雨季要做好排水防涝工作,防止园内积水成灾。

3. 夏季修剪

因桃树需光性强、顶端优势大、潜伏芽寿命短,如主枝过于顺直会造成前旺后枯,不利于立体结果。如对骨架枝上的旺条不加以控制,既影响光照、扰乱树形、造成主次不分,又不利于成花和迅速扩大树冠。但修剪过重、留枝过少,特别是夏季修剪过晚,一些徒长性竞争枝长到"树上树"程度后再一次性处理,会造成树势严重衰弱,引起流胶病的发生。因此,夏剪必须合理。

(1) 抹芽:一般在萌发至生长到 5 厘米之前进行,即抹掉树冠内膛的徒长芽和剪口下的竞争芽。

(2) 疏枝:主枝选定后,对主干上过多的旺枝应及早疏除,平斜细弱的可留着辅养树体。但一次不可去枝过多,更不要在主干上"对口"疏大枝。

(3) 摘心:摘心就是把正在生长的枝条顶端的一小段嫩枝连同数片嫩叶一起摘除,这样可以控制枝条生长,促使枝条下部形成充实饱满的花芽,延缓结果部位上移(可以喷多效唑代替摘心,尤其是于 7 月初在幼树上喷 100 倍多效唑效果很好)。

(4) 缩剪果枝:对冬剪所留过长的果枝,上间未坐果的缩剪到着果部位,无果的果枝缩剪成预备枝。

4. 套袋后的病虫害防治

合理进行桃树病虫害防治，是确保鲜桃优质、丰产、稳产的重要环节。防治工作应遵循"预防为主，综合防治"的方针，了解和掌握病虫的发生规律，综合运用各种防治措施，以农业防治为基础，物理化学防治为辅助手段控制病虫害。严禁使用高毒高残留农药，选用无公害、生物农药或高效低毒、低残留农药。

（1）桃炭疽病：主要为害果实，也能侵害叶片和新梢。严重时果实大量腐烂，枝条大批枯死、造成桃园严重减产，甚至绝收。

【发病症状】幼果受害，病斑呈暗褐色，凹陷，病果很快脱落或全果腐烂，干缩成僵果。近成熟期的果实发病，病斑显著凹陷，并有明显的同心环状轮纹。枝梢发病时，病斑呈绿褐色，水渍状，长圆形，后逐渐变为褐色，稍凹陷。中心密布粉红色孢子，病梢上的叶片萎缩下垂，并以中脉为轴心，向正面卷成筒状。

【发病规律】病原菌为半知菌亚门长圆盘孢菌。病菌以菌丝体和分孢盘在病株和病残体上存活越冬，尤以病枝和僵果为主。翌春分孢盘产生分生孢子作为初侵与再侵接种体，借风雨传播，从伤口侵入致病。降雨频繁多湿的年份和季节易发病。位于水网地带或地下水位高的果园，或管理粗放、树势衰弱的果园发病较重。早中熟品种较晚熟品种通常发病较重。

【防治方法】

① 农业防治：冬季剪除树上的枯枝、僵果和残桩，或在芽萌动至开花前后的初次发病的病枝，消灭越冬病源、防止引起再次侵染；加强排水，增施磷、钾肥，增强树势，并避免留枝过密及过长。

② 药剂防治：冬季修剪后或早春芽萌动前，喷布一次5波美度的石硫合剂，发病重的园区，桃开花前，芽萌动时喷0.8%～1%波尔多液（露绿后禁用）。花后和幼果期及时喷药加以防治，药剂可用70%甲基托布津可湿性粉剂1000倍液、50%多菌灵可湿性

粉剂 600～800 倍液、75％代森锰锌可湿性粉剂 600 倍液。几种药剂交替使用。

(2) 细菌性穿孔病：主要为害桃树叶片和果实,造成叶片穿孔脱落及果实龟裂。

【发病症状】叶上病斑近圆形,直径约 2～5 毫米,红褐色,或数个病斑相连成大的病斑。病斑边缘有黄绿色晕环。以后病斑枯死,脱落,并造成严重落叶。果实受害,初为淡褐色水渍状小圆斑,后扩大成褐色,稍凹陷。病斑易呈星状开裂,裂口深而广,病果易腐烂。

【发病规律】病原细菌主要在病梢上越冬,次年春季在病部溢出菌脓,经风雨和昆虫传播。由气孔、皮孔等处侵入。一般桃树展叶后即见发生,梅雨季节和台风季节是全年发病高峰。果园郁闭、排水不良、树势衰弱时发生严重。一般早熟品种较易发病,特别是成熟期多雨发病更重。

【防治方法】

① 农业防治:合理修剪,使果园通风透光良好;注意开沟排水,降低果园湿度;增施有机肥料,避免偏施氮肥;避免与核果类果树混栽(李、杏、樱桃等核果类果树对细菌性穿孔病有很大的感染性,容易相互传染)。

② 药剂防治:在树体萌芽前喷布 5 波美度的石硫合剂,展叶至发病前,在 5～6 月间喷布 65％代森锌可湿性粉剂 500 倍液,或喷布硫酸锌石灰液(硫酸锌 0.5 千克,石灰 2 千克,水 120 千克),或 70％甲基托布津可湿性粉剂 1000 倍液、50％多菌灵 1000 倍液、70％农用链霉素 3000 倍液,均有较好效果。

(3) 桃流胶病：桃树流胶病是当前桃树上普遍发生的病害,而且发病严重,特别是管理较差和树势衰弱的桃园,发病株率可达 90％以上。此病严重削弱树势,影响产量、品质,重者导致死枝死树,是桃树最顽固的一种病害。

【发病症状】本病分为非侵染性流胶和侵染性流胶两种。

① 非侵染性流胶：主要发生在主干和大枝上，严重时小枝也可发病。初期病部稍肿胀，后分泌出半透明、柔软的树胶，雨后流胶重，随后与空气接触变为褐色，成为晶莹柔软的胶块，后干燥变成红褐色至茶褐色的坚硬胶块。随着流胶数量增加，病部皮层及木质部逐渐变褐腐色。致使树势越来越弱，严重者造成死树。

② 侵染性流胶：主要为害枝干，也侵染果实，病菌侵入桃树当年生新梢，新梢上产生以皮孔为中心的瘤状突起病斑，但不流胶。翌年5月份，瘤皮开裂溢出胶状液，为无色半透明黏质物，后变为茶褐色硬块，病部凹陷成圆形或不规则斑块，其上散生小黑点。桃果感病发生褐色腐烂，其上密生小粒点，潮湿时流出白色块状物。当气温在15℃左右时，病部即可渗出胶液，随着气温上升，树体流胶点增多，病情加重。

【发病规律】桃流胶病的发病原因有两种：一种是非侵染性的病原，如机械损伤、病虫害伤、霜害、冻害等伤口引起的流胶或管理粗放、修剪过重、结果过多、施肥不当、土壤黏重等引起的树体生理失调发生的流胶。另一种是侵染性的病原，由真菌引起的，有性阶段属子囊菌亚门，无性阶段属半知菌亚门。流胶现象在桃树的整个生长期间都能发生，但以梅雨、台风期等多雨季节发生最多，老树、弱树发生较重。

【防治方法】

① 农业防治：做好果园开沟排水工作，增施有机肥料改良土壤。酸性土壤增施石灰，以调节土壤酸碱度；及时彻底地防治枝干害虫。尽可能减少伤口，注意果园的防冻和日灼伤害；合理修剪，增强树势，提高抗性。

② 药剂防治：在桃树生长期用果富康100倍液或"843"康复剂或石硫合剂涂刷病斑，4月下旬至6月下旬喷布50%多菌灵800倍液，或果富康500倍液等，药剂轮换施用，隔15天1次，共

喷 4～5 次,防治效果颇佳。

(4) 桃缩叶病:本病能为害桃嫩梢、新叶及幼果,严重时梢、叶畸形扭曲,幼果脱落。

【发病症状】病叶卷曲畸形,病部肥厚,质脆,红褐色,上有一层白色粉状物,最后变褐色,干枯脱落;新梢发病后病部肥肿,黄绿色,病梢扭曲,生长停滞,节间缩短,最后枯死;小幼果发病后变畸形,果面开裂,很快脱落。

【发病规律】真菌性病害。病菌主要以孢子附在枝上或芽鳞上越冬,次年桃树萌芽时侵染为害。病菌喜欢冷凉潮湿的环境,春季桃树发芽展叶期如多低温阴雨天气,往往发病严重。5 月下旬后气温升至 20℃以上时,发病即自然停止。一般在沿海及地势低洼、早春气温回升缓慢的桃园,发病较重。

【防治方法】

① 农业防治:冬季清除病枝、落叶等,萌芽前喷布 5 波美度石硫合剂,消灭初期侵染源;发病初期及时摘除病叶,集中烧毁。发病较重的树,由于大量叶片焦枯和脱落,应及时补施肥料,促使树势恢复。

② 药剂防治:发病初期可用 70％甲基托布津 800～1000 倍液或百菌清 1000 倍液防治。

(5) 桃根癌病:主要为害桃树根部及根部颈部,形成肿瘤,造成桃树生长不良或死亡。

【发病症状】主要发生在根颈部,也发生于侧根或支根,瘤体初生时乳白色或微红,光滑,柔软,后渐变褐色,木质化而坚硬,表面粗糙,凹凸不平。瘤体发生于支根的较小,根颈处的较大,以根颈部位的瘤体影响最大。受害桃树生长严重不良,植株矮小,果少质劣,严重时全株死亡。

【发病规律】病原细菌存活于癌瘤组织中或土壤中,可随雨水径流或灌溉水,及带病苗木传播,通过伤口侵入。碱性土壤有利于发病,重茬苗圃及重茬桃园容易发病。

【防治方法】

① 农业防治:加强土壤管理,合理施肥,改良土壤,增强树势。

② 药物防治:加强果园检查,对可疑病株挖开表土,发现病后用刀刮除或彻底刮除并用 KG84 浇根消毒,对发生严重植株挖出烧毁。

(6) 桃干枯病:又名腐烂病,主要为害桃树枝干,造成枝干枯死,严重时全株死亡。

【发病症状】发病初期病部皮层稍肿起,略带紫红色并出现流胶,最后皮层变褐色枯死,有酒糟味,表面产生黑色突起小粒点。树势强健时,病斑有时会自愈,树势衰弱时,则病斑很快向两端及两侧扩展,终致枝干枯死。患病枝初期新梢生长不良,叶色变黄,老叶卷缩枯焦,后随病部发展而枯死。

【发病规律】病原菌以菌丝体、子囊壳及分生孢子器在病部越冬。次年春菌丝在病部继续扩展为害,同时散发孢子借风雨、昆虫等传播,由伤口或皮孔侵入。树势衰弱、园地低湿、土质黏重、冬季枝干皮层受冻伤及修剪过重、枝干伤口过多并愈合不良,以及皮层受到灼伤等,都会引起病害发生。

【防治方法】

① 农业防治:加强果园肥水管理,合理修剪,合理留果,防止树势衰退。

② 药剂防治:发病后用利刀刮除病斑后,用 20％抗菌剂 402 的 100 倍液或硫酸铜 100 倍液涂刷伤口;桃树生长期在喷多菌灵、代森锌及锌铜石灰液等防治其他病害时,同时注意对枝干部的喷药保护。

(7) 褐腐病:又名菌核病、灰霉病,主要为害果实,也为害花、叶、新梢。果实自幼果至成熟都能受害。

【发病症状】果实受害初期呈浅褐色圆形斑点,几天后逐步扩大,果实变软,病斑呈灰褐霉状。花器受害在病斑表面长出灰褐色霉丛,从花瓣尖端开始,初期生褐色病斑,变褐而枯萎。在潮湿时病花迅速腐烂,表面长出灰色霉层,天气干燥时,则萎垂干枯,病花多残留在枝上不易脱落。叶片受害,变褐色易脱落。新梢受害形成溃疡斑,皮层破裂,常分泌出黄褐色胶质物。

【发病规律】病菌主要在病枝内越冬,靠风雨、昆虫传播。病菌从气孔、伤口处侵入。桃树开花期及幼果期如遇低温多雨,果实成熟期又逢温暖、多云多雾、高湿度的环境条件,发病严重。前期低温潮湿容易引起花腐烂,后期温暖多雨、多雾则易引起果腐烂。虫伤常给病菌造成侵入的机会。树势衰弱,管理不善和地势低洼或枝叶过于茂密,通风透光较差的果园,发病都较重。

【防治方法】

① 农业防治:结合修剪,剪除病枝、彻底清除僵果、病枝等病源,集中烧毁。

② 药剂防治:花后及时结合其他病害防治,喷布 65％代森锌可湿性粉剂 500 倍液或 70％甲基托布津 800～1000 倍。落花 15 天后可用果富康 500 倍液进行防治。

(8) 疮痂病:又名黑星病,主要为害果实,也为害枝梢和叶片等。

【发病症状】果实发病多在肩部,果面产生暗绿色圆形小斑点,严重时,病斑连成片,果面粗糙,果实近成熟时病斑变成紫黑色或黑色。果梗受害,果实常早期脱落。枝梢被害,病斑为暗褐色,病部隆起,常发生流胶。病、健组织界限明显,病菌只在表层为害,并不深入内部。叶片受害,先在叶背面形成不规则形或多角形灰绿色病斑,后转为褐色或紫红色,最后病斑干枯脱落形成穿孔,严重时引起落叶。

【发病规律】中晚熟品种及油桃发病较重。

71

【防治方法】

① 农业防治:结合冬剪,剪除病枝并烧毁,消灭越冬病源。合理整形修剪,使树冠通风透光,降低湿度,减轻病害。

② 药剂防治:萌芽前喷布 5 波美度石硫合剂。4～5 月每 15 天喷 1 次 75％代森锰锌可湿性粉剂 600 倍液,或 70％甲基托布津可湿性粉剂 1000 倍液或 80％大生 M-45 可湿性粉剂 800 倍,均有较好的防治效果。

(9) 桃小食心虫:又名东方果蛀蛾,俗称桃折心虫,主要为害桃树的新梢,其次还为害李、梅、杏、樱桃、枇杷等果树。

【发病症状】桃小食心虫主要以幼虫蛀食桃和桃树的新梢,虫果常因腐烂不能食用,桃的枝梢被害后萎蔫枯干,影响桃树生长。

【发病规律】桃、梨混栽的果园为害严重。该虫一年发生 5～6 代,以老熟幼虫在树皮裂隙等缝隙处结茧越冬,4 月下旬至 6 月下旬为害桃梢,6 月下旬至 9 月中下旬为害桃果。

【防治方法】

① 农业防治:避免桃、梨、李、樱桃等果树混栽。4 月底、5 月初发现桃梢萎蔫时及时剪除。

② 生物防治:利用桃小食心虫趋光性,用频振式杀虫灯或性诱剂诱杀成虫。

③ 药剂防治:主要消灭第一、第二代幼虫。4 月上旬、5 月上中旬各喷药 1 次。药剂可用 20％灭扫利乳油 2000～3000 倍液,40％辛硫磷 1000～2000 倍液或 48％乐斯本 1000～2000 倍液。

(10) 桃红蜘蛛:为害桃的红蜘蛛多数为山楂红蜘蛛。

【发病症状】山楂红蜘蛛常群集叶背为害,并吐丝拉网(雄虫无此习性)。早春出蛰后,雌虫集中在内膛为害,造成局部受害现象。第一代成虫出现后,向树冠外围扩散。被害叶的叶面先出现黄点,随虫口的增多而扩大成片,被害严重时叶片焦枯脱落,有时 7～8 月份出现大量落叶,影响树势及花芽分化。

【发病规律】山楂红蜘蛛以受精的雌虫在枝干树皮的裂缝中及靠近树干基部的土块缝里越冬,大发生的年份,还可潜藏在落叶、枯草或土块下面越冬。每年发生代数因各地气候而异,一般3～9代。当平均气温达到9～10℃时即出蛰,此时芽露出绿顶,出蛰约40天即开始产卵,7～8月间繁殖最快,8～10月产生越冬成虫。越冬雌虫出现早晚与树受害程度有关,受害严重时7月下旬即可产生越冬成虫。

【防治方法】

① 农业防治:深翻地,重清园。

② 药剂防治:防治红蜘蛛的药剂很多,用45％石硫合剂或丰功200～250倍清园,防治可用5％尼索朗乳油1500倍液,或57％奥美特1500倍液,或50％丁醚脲悬浮剂2000倍液,均有良好效果。

(11) 桃粉蚜:为害桃树的蚜虫主要有桃粉蚜、桃蚜、桃瘤蚜三种。

【发病症状】每年春季当桃树发芽长叶时,群集在树梢、嫩芽、幼叶背面刺吸枝叶营养。被害部分呈现小的黑色、红色和黄色斑点,使叶片逐渐变白,向背面扭曲卷成螺旋状,引起落叶,新梢不能生长,影响产量及花芽形成,削弱树势。蚜虫为害刚刚开放的花朵,刺吸子房,吸收营养,影响坐果,降低产量。蚜虫排泄的蜜露,污染叶面及枝梢,使桃树生理作用受阻,常造成煤烟病,加速早期落叶,影响生长。桃蚜还能传播桃树病毒。

【发病规律】1年发生20代以上,以卵寄生在芽腋、裂缝、小枝权处越冬。桃粉蚜5月上中旬虫口最多,桃瘤蚜在6～7月为害最严重。桃蚜5月上旬繁殖最快,为害最盛。

【防治方法】

① 农业防治:剪除严重被害的枝梢,集中烧毁。

② 药剂防治:在春季桃花未开而蚜卵已全部孵化、桃叶未卷

73

缩之前,花后至初夏根据虫情喷药1~2次。秋后迁返桃树的虫口数量大时,可再喷药,药剂可用10％吡虫林可湿性粉剂2000～3000倍液;10％芽虱净1000倍液,20％的灭扫利2000～3000倍液,40％辛硫磷乳油1000～2000倍。

蚜虫的天敌有瓢虫、食蚜蝇、草蛉、寄生蜂等,对蚜虫发生有很强的抑制作用。因此要保护天敌,尽量少喷广谱性农药。

(12) 桑白介壳虫:又名桑盾介壳虫和桃白介壳虫,是桃树的重要害虫。

【发病症状】为害桃树的蚧壳虫主要有桑白蚧和球坚蚧。是以成虫和若虫群集固着在枝条上吸食汁液,被害枝条凹凸不平,发育不良,树势衰弱,重者整枝或整株死亡。

【发病规律】以受精雌成虫在枝干上越冬,卵产在雌虫体下。初孵幼虫善爬行,当找到适宜的寄生地点后即行固定,经蜕皮后触角和足消失,并开始分泌蜡质,形成介壳。一般第一代若虫主要为害枝干;第二代若虫除为害枝干外还为害果实;第三代若虫还为害当年新梢。

【防治方法】

① 农业防治:剪除严重被害的枝梢,集中烧毁。

② 药剂防治

Ⅰ. 萌芽前防治:萌芽前喷洒1~2次5波美度石硫合剂,或100倍机油乳剂,消灭越冬雌成虫。要求充分喷湿喷透。

Ⅱ. 生长期间防治:掌握各代若虫发生期介壳未形成前,及时喷洒50％马拉松乳剂1000倍液,20％杀灭菊酯3000倍液,20％菊乐合酯2000倍液,80％敌敌畏乳剂1500倍液等。由于若虫孵化期前后延续时间较长,要7天左右喷洒1次,连续喷洒3次。药液中加入洗洁精等可提高药效。

Ⅲ. 虫体密集成片时,喷药前可用硬毛刷刷除再行喷药,以利药液渗透。

(13) 桃红颈天牛:桃树重要害虫,幼虫蛀食桃树枝干皮层和木质部,使树势衰弱者,寿命缩短。严重时桃树成片死亡。

【发病症状】桃红颈天牛为害桃树以幼虫蛀食树干,先在树皮下蛀食,钻成纵横虫道,后钻入木质部,上下穿食蛀成虫道,并排出木屑状粪便堆积在树干周围,树干受害后易引起流胶。受害树干中空,皮层脱落,生长衰弱,严重时全树死亡。

【发病规律】该虫每2～3年发生1代,以幼虫在蛀道内越冬。6～7月出现成虫,成虫寿命10天左右。卵经8天左右孵化,进入幼虫长大后再蛀入木质部。

【防治方法】

① 农业防治:在6～7月成虫出现期,利用午间成虫静息枝条的习性,振落捕捉成虫。

② 药剂防治:成虫产卵前6月份用涂白剂(生石灰10份、硫磺粉1份、食盐0.2份、水40份)涂刷树干和主枝,防止成虫产卵。

③ 钩挖幼虫:检查枝干,用铁丝或接枝刀钩杀虫孔内的幼虫。或在虫道内用80%敌敌畏原液浸湿的棉花,塞入排粪孔内,并用湿黏土封闭孔口,毒杀幼虫。

四、脱袋前后的管理

1. 摘袋方法

(1) 摘袋时间:纸袋可于采果前的15天解除。摘袋时,注意天气状况,应在早晚或阴雨天进行,以避免太阳灼伤果实。

(2) 摘袋方法:摘袋时间因纸袋类型、桃品种的不同而有所差异。单层浅色纸袋因不影响着色,采前可不去袋;选用深色单层纸袋的中、晚熟桃,于采前15～20天将袋底撕开呈伞状,罩在果实上方,经4～5个晴天去袋;套用双层纸袋的晚熟品种,在采收前20～

25 天除去外层袋,采前 7～10 天全部去袋,较难着色的品种,可在采前 1 个月开始去外袋,采前 10 天左右全部除去袋。

一天中适宜除袋时间为上午 9 时至 11 时,下午 3 时至 5 时左右,上午除南侧的纸袋,一定要避开中午日光最强的时间,以免果实受日灼。摘袋时间过早或过晚都达不到套袋的预期效果,过早摘袋,果面颜色暗,光洁度差;过晚除袋,果面颜色淡,贮藏易褪色。摘除双层袋时先沿袋切线撕掉外袋,待 5～7 天后再摘除内层袋;除单层袋时,首先打开袋底通风或将纸袋撕成长条,几天后即除掉。

2. 脱袋后的管理

(1) 贴字艺术果生产:贴字的内容主要是一些祝福语,如"福"、"禄"、"寿"、"喜"、"吉祥"、"如意"、"一帆风顺"、"招财进宝"、"心想事成"、"人寿年丰"等字迹,图案可选择十二生肖、人物、花鸟、鱼类等。

贴字时间应该在套袋果摘外袋的同时进行。最好是边摘外袋边贴字。方法是将外袋摘下,内袋撑开,字头朝着果柄方向,将字贴在果实阳面正中,然后抹平即可。为了方便采收,贴组字时可将几个字分别贴在相邻的几棵树上。

(2) 除袋后喷药:除袋后喷 1 次喷克(600 倍)、甲基托布津(25%,800 倍)等内吸杀菌剂,防治果实内潜伏病菌引发的轮纹烂果病,同时喷 1～2 次有增色作用的药肥,如 300 倍的磷酸二氢钾,800 倍的施康露、农家旺等,以增色防病。

五、采收与包装

1. 适时采收

桃果的风味、色泽不会因后熟而增进,主要是在树上充分成熟才能表现出来,故不能过早采收,但充分成熟后,皮薄肉软,易受机械损伤,不耐贮藏,故亦不能迟采。

(1) 果实成熟的区别标准:果实横径已停止膨大,果面丰满,尚未泛白者为六成熟,开始泛白者为七成熟,大部分泛白者为八成熟,全部泛白并开始转软者为九成熟,进市销售的桃果以八成熟为最宜,九成熟的桃果,为当地销售为宜,七成熟的桃果作加工制罐用。

(2) 识别袋内桃果是否成熟的方法:主要掌握"五看一摸"的方法:看品种,是否到了采收的时期;看方向,东南向的桃果积温高,一般说来果实都先熟;看部位,生长势较强的桃树,树冠中部的中、短果枝的果实先熟,生长弱的树冠上部的果实先熟;看枝条,受伤枝、缩剪口枝上的果实先熟;看袋形,袋形鼓起的先熟;用手摸,摸上去有柔软感的表示果实已成熟。如果吃不准,可将袋撕开,用肉眼鉴别。

(3) 桃果的采摘:桃果果肩突起,果柄短,加上皮薄肉软,采摘时如方法不当,很易受到伤害。正确的采摘方法是先用手心托住桃果,将桃果满把握住,再将桃果向一侧轻轻一扳,就可采下,果实不易受损伤,套袋果实可连袋采下,要注意不能用手指按压果实和强拉果实,以免果实受伤或折断枝条。

贴字果的采收贴字果在采收时一定要轻拿轻放,防止碰、压、刺、扎、划等伤,并剪把,同时将同一个字的果实放在一块,方便包装。

2. 包装

桃果皮薄肉软,不易贮运。良好的包装,除提高商品外观质量外,还有利于桃果的贮运。一般可用硬纸板箱,进行定量包装,果实外面用洁净的包果纸包裹后分层放置,最多放 3 层,每层用纸板隔开,层间最好用"♯"字格支撑,防止挤压。包装时应按大小进行分级,然后按照级别进行装箱、销售。

贴字果宜采用礼品盒小包装。先将字揭下,然后根据果个大小包装于不同规格聚乙烯压模内入纸箱打包。最常见的包装数量有 8、12、16 个三种规格。

3. 采果后的管理

(1) 清园:桃树的病残组织是越冬病原菌和越冬虫卵、蛹体的主要越冬场所,冬季清园对减少越冬病虫源、减少次年春季病虫初侵染源有着极其重要的作用。结合冬剪剪去病虫为害枝,刮除枝干的粗翘皮、病虫斑,清除树上的枯枝、枯叶和枯果,清扫地上的枯枝、落叶、烂果、废袋等,集中烧毁。将冬剪时剪下的所有枝条及时清出果园。清理桃园所有的应用工具,特别是易藏匿病虫的杂物,如草绳、箩筐、包装袋等,最大限度地清除病虫源。

(2) 秋冬季深翻改土、施肥:桃园要在每年秋冬季深翻土壤,增加土壤的透气性。深翻可将地下越冬的病菌、虫卵冻死,减少病虫源;熟化土壤,增加土壤有机质含量。结合翻土施入基肥。

根据桃树不同品种的差异,施基肥时间最好在果实采摘后尽快施入,如当时不能及时施肥,也可在桃树落叶前 1 个月左右施入。在基肥的施用中,最好以有机肥为主。有机肥用量较少的情况下,氮肥用量可根据树龄的大小和桃树的长势,以及土壤的肥沃程度灵活确定。

一般基肥中氮肥的施用量约占年总施肥量的 40%～60%,每株成年桃树可施用碳酸氢铵 1.7～3.4 千克或尿素 0.6～1.3 千克或硝酸铵 0.9～1.9 千克。一般磷肥主要作基肥施用,如果同时施入较多的有机肥,每株可施用含磷量 15% 的过磷酸钙 2～3.3 千克或含磷量 40% 的磷酸铵 0.75～1.25 千克。一般基肥中的钾肥可施用含氧化钾量 50% 的硫酸钾 0.5～1 千克或含氧化钾量 60% 的氯化钾 0.4～0.8 千克。土壤含水量较多、土壤质地较黏重、树龄较大、树势较弱的桃树,在施用有机肥较少的情况下,施肥量可取高量,反之则应减少用量。

施肥部位,幼年桃树,可在树冠外围的垂直地点,开环沟深约 30 厘米,盛果树或全园撒施,结合深翻,将肥料翻压在土内。

(3) 喷布石硫合剂及树干涂白:冬季修剪后,全园喷布 5 波美度石硫合剂 1 次,及时进行树干涂白(生石灰 10 份、石硫合剂原液 2 份、食盐 2 份,黄土 2 份、水 40 份。先用凉水化开生石灰并去渣,将化开的食盐、石硫合剂、黄土和水倒入石灰水中,搅拌均匀即可),以铲除或减少树体上越冬的病菌及虫卵。

(4) 浇封冻水:在桃树落叶休眠,土壤结冻以前浇水(即"封冻水")。保证土壤有充足的水分,以利桃树的安全越冬。但"封冻水"不能浇得太晚,以免因根颈部积水或水分过多,昼夜冻融交替而导致颈腐病的发生。秋雨过多、土壤黏重者,不要浇水。

(5) 合理冬剪:桃树的不同树龄时期,其生长结果特性不同,对环境条件和栽培管理技术的反应也不同,因此,冬季修剪必须根据桃树不同树龄的发育阶段,应用不同的修剪方法。

① 幼树和初果期树的修剪:幼树和初结果树的修剪应以整形为主,尽快扩大树冠,培养牢固的骨架,为以后丰产打基础。对骨干枝、延长枝按所要培养的树形标准短截,培养树形;对非骨干枝轻剪长放,促其成花,提早结果,并逐渐培养各类结果枝组。

② 成果期的修剪:定植 5～6 年后,桃树开始进入盛果期,此时,主枝逐渐开张,树势已趋缓和,树冠结构已相对稳定。徒长枝

和二次枝的数量显著减少,结果枝增加,中、短枝的比例增加,生长与结果的矛盾逐渐加大,上强下弱现象表现突出,内膛下部小枝生长转弱、枯死。修剪时,主要是调节结果与生长的矛盾。修剪量要逐渐加重,对骨干枝要回缩更新,使其下部枝条不易衰枯,要注意枝组的培养和更新复壮,在增加结果的同时,要注意更新枝的比例,以维持有效的结果体积和延长盛果期。对树冠上部外围的枝条要注意控制,强枝和直立枝应及时疏除,改进内膛光照条件,对下部及内部的枝组采用疏、缩结合,去弱留强,抬高角度,注意复壮,延长结果时期。

③ 衰老期的修剪:桃树进入衰老期后,主侧枝转弱,时有枯死现象发生,长果枝抽生减少,中、短果枝与花束枝大量增加,许多果枝在结果后不能抽生良好的新梢,结果部位外移,果形小,落果多,产量低。此时期的修剪任务是树体及枝组的更新复壮。修剪时对大枝轻回缩,中、小枝适当回缩,可回缩到强枝或饱满芽处。但不可一年回缩过多、过重。对极度衰老的树,进行主枝更新(骨干枝更新),刺激隐芽萌发徒长枝或强壮旺枝,再培养新的健壮骨干枝,重新形成树冠。

第四章　石榴果套袋技术

石榴果实套袋可有效地解决石榴生产过程中病虫为害和裂果现象的发生,保证果面光洁完整,并能有效地提高石榴果实产量和品质,减少农药的使用量,降低农药对果实的污染,提高石榴果品市场竞争力。

为了提高经济效益,套袋的石榴多选择大果型的石榴品种,如新世纪、珍珠、水晶石榴等。

一、套袋前的树体管理

1. 花前喷药

花前喷 50%辛硫磷乳剂 800 倍液,防治桃蛀螟、红蜘蛛、蚜虫等害虫。

2. 合理春剪

不同于其他果树,春剪是石榴树一年中最重要的修剪,首先,疏去过密、交叉和过于下垂的枝条;其次,对直径 2 厘米以上的粗枝进行重剪,降低树冠高度至 2.5 米以内,便于疏果、套袋等操作。

(1) 幼龄树的修剪:4 年生以内尚未结果或初开始结果的幼龄树是树形形成的主要时期。整形修剪的任务是根据选用树形,选择培养各级骨干枝,使树冠迅速扩大进入结果期。修剪时,因栽植后的石榴一般是任其自然生长,多在根际呈现丛生萌蘖,如能做到随时除掉萌蘖,可形成多主干自然半圆形的树冠。栽后第一年要任其自然生长;第二年要选留 2～4 个主干,除掉多余的萌枝,以后的每年进行修剪时,对所留的主干 1 米以下的分枝要注意除掉,使养分集中供于主干以上的树冠需要,同时要注意在每个主干上要培养出 3～5 个主枝。要长放,不要短截,使枝干向四周扩展,使树冠自然长成半圆形。

(2)**初结果树的修剪**:初结果树修剪中要本着以轻剪、疏枝为主要方法,控制树势保持中庸,达到开好花、结好果的目的。栽后 5～8 年后的初结果树,树冠扩大快,枝组形成多,如果修剪、管理措施合理,产量上升较快。初结果树整形修剪主要是完善和配备各主、侧枝及各类结果枝组。修剪时对主枝两侧发生的位置适宜、长势健壮的营养枝,培养成侧枝或结果枝组。对影响骨干枝生长的直立性徒长枝、萌蘖枝采用疏除、拧伤、拉枝、下别等措施,改造成大中型结果枝组。长势中庸、二次枝较多的营养枝缓放不剪,促其成花结果;长势中庸、枝条细瘦的多年生枝要轻度短截回缩复壮。

(3)**盛果期树的修剪**:8 年生以上的树多已进入盛果期,除加强土、肥、水管理和防治病虫外,通过"轻重结合、及时调控"的修剪,使树势、枝势壮而不衰,延长盛果年限。盛果期修剪方法是轮换更新复壮枝组,适当回缩枝轴过长、结果能力下降的枝组和长势衰弱的侧枝到较强的分枝处;疏除干枯、病虫枝、无结果能力的细弱枝及剪、锯口附近的萌蘖枝,对有空间利用的新生枝要保护,培养成新的枝组。盛果期树最易发生光照不良引起的枝组瘦弱,花芽分化不好,退化花数过多,结果量少和结果部位外移等问题。产生光照不良的原因是多方面的,必须根据不同情况区别对待。对树冠外围、上部过多的强枝、徒长枝可适当疏除,或拉平、压低甩放,使生长势缓和,过多的骨干枝酌情疏除或缩剪。角度过小,近于直立生长的骨干枝要用背后枝换头或拉枝、坠枝,加大角度。如果因栽植过密形成园内光照不足,则要考虑采用隔行、隔株间伐方法,及时挖除过密植株。

(4) 衰老树的修剪:大量结果 20～30 年生以上的树,由于贮藏营养的大量消耗,地下根系逐渐枯死,冠内枝条大量枯死,花多果少,产量下降,进入衰老期。衰老期树应从回缩复壮地上部分和深耕施肥促生新根两方面加强管理,达到"返老还童"持续结果的目的。

① 缩剪更新:在修剪方法上根据不同树势、枝势,采用"去弱留强"等更新修剪的方法,即对多年生结果的衰老石榴的主侧枝进行缩剪,选留 2～3 个旺盛的萌枝或主干上发出的徒长枝,逐步培养为新的主侧枝,继续扩展树冠,适当去老枝,对内膛的徒长枝要长放,少量短截。如骨干枝已干枯死亡,但地面有健壮萌蘖枝的良种树,将原骨干枝从基部锯除,利用根际萌蘖整形,培养新的树冠。

② 根系修剪:结合秋耕深施基肥工作,在原树冠垂直投影内挖 50 厘米深的环形沟,对沟内所有根系全部铲断,并施入以磷肥为主的有机肥料,促使产生大量新根,达到恢复树势的目的。

3. 套袋前的肥、水管理

(1) 追花前肥:萌芽至现蕾期施入,主要提供枝梢萌芽和花器生长的养分,可提高开花质量,以氮肥为主。成年树每株开放射状沟施入碳铵或硝铵 2～2.5 千克。

(2) 浇花前水:花期水分充足石榴开花整齐,花质量好。因此,在石榴树萌芽开花前要注意灌好萌芽水,开花前灌透花前水。

(3) 花期喷肥:盛花期叶面喷施,提高坐果率。肥料为 0.1%～0.3%硼砂,0.2%～0.5%尿素,0.2%～0.5%的磷酸二氢钾,可单独或混合施用,单独用时浓度可较混合用时高。

4. 合理疏花、疏果

石榴花期较长,不同花期果实生长差异较大,除了在花期疏除大量退化花外,疏果时根据果实不同大小分批进行。疏花比疏果效果好,所以在正常气候条件下应适时疏花,在气候异常时可以疏果为主。

(1) 疏花:石榴花现蕾、花朵没有完全开放之前,对弱枝上对生的筒状花去小留大,留单花,以减少消耗,集中营养。疏花时,一般应保留第一茬花、第二茬花,疏除第三茬花。花量过多,还应疏除部分第二茬花,以节约养分,增大果个。为避免意外,可多留20%左右的花。

(2) 疏果:一般可在石榴1~2茬花幼果后进行。在石榴定果后要及时疏除虫果、小果和双果。疏果时主要留头茬果,并以顶生果为最好;2茬果选留,3茬果个小,成熟晚,一般可全部疏除(果量不足时才留3茬果)。

大果型品种一般每25~30厘米留1个果,小果型品种每20厘米左右留1个果。

二、套袋技术

1. 果袋选择

当前生产中石榴果实套袋的主要品种有两类:一是纸质果袋,二是塑膜袋。

在石榴上应用的纸袋品种较多,但在实践中,以白色蜡纸袋为好,而双层袋、有色袋的效果较差。纸袋具有较好的透气性,在坐果后即可套袋,套袋后树上可不必再喷打杀虫剂,果实成熟早,色泽好,品质优。其缺点是有破损,代价大,成本高,果实成熟后要及时采收,若延误后果面易老化,影响外观品质和商品性。纸袋规格一般(15~17)厘米×(23~25)厘米。

与纸质袋相比,双层聚丙烯塑膜袋(内层为白色泡沫网,外层为白色透明膜,大小规格与纸袋相同,两袋角各留有一个孔径1厘米通气孔)有价格低,易操作,可较长时间的延迟(约30天)采收,果面不老化,增产幅度大等优点。由于透气性差,早期使用会影响果实的发育,只能在7月中、下旬开始使用,由于早期无保护,所以,前期应按裸果管理进行病虫害防治;由于透气性差,果实着色欠佳,影响外观色泽,在市场竞争能力不强。另外,由于采收过晚,使树体在采后的树势恢复期明显缩短,越冬前树体营养亏缺,降低了树体越冬的抗寒能力,使树体冬季冻害加重。

2. 套袋时间

石榴套袋要根据不同花期果实的特点、不同果蒂的特征确定套袋的时间,套袋的时间为花后35天左右为宜(果实长至乒乓球大小时),蜡质纸袋可在6月15～25日套袋,塑膜袋由于不透气,袋内温度高,过早使用易产生日灼,而且影响果实的生长,试验证明,塑膜袋以8月上、中旬使用为好。套袋一般在晴天上午9—11时,下午3—6时进行。

3. 套袋方法

(1) 套袋前的准备

① 套袋前喷药:套袋前1～2天,严禁格细致地喷一次杀虫杀菌剂,可选用50%多菌灵600倍液或70%甲基托布津800倍液,加20%氰戊菊酯乳油1000倍液。药液干后及时套袋,若喷药后4～5天未套完或中途遇雨,须再喷药后继续套袋。

② 果袋准备:纸质果袋脆硬,不便于操作,套袋前一晚上最好做潮湿处理(如将果袋散开放于潮湿地面上一晚),可提高工作效率,减少对果梗的伤害。

(2) 套袋方法:套袋在晴天露水干后进行。为了提高套袋效率,操作者可准备一围袋围于腰间放果袋,使果袋伸手可及。

① 蜡质纸袋套袋方法：打开纸袋，将果袋套向果实，务必使果实悬于袋内，不与果实接触为好（谨防果袋与果实接触，出现日灼）若果实结在叶丛枝上，套袋时应连同结果枝一并套入。

② 双层聚丙烯塑膜袋套袋方法：先套泡沫网袋，再套塑料薄膜袋，网口与袋口要紧贴果柄扎牢，以防松脱。套完后最手往上托一下袋底中部，使且袋鼓起来，以便套袋底部左右两角方位处漏水孔打开，以防积水。

三、套袋后的管理

1. 套袋后的检查

套袋后要随时进行检查，发现开口或破损要及时更换。

2. 套袋后的肥、水管理

石榴具有一年多次开花、多次结果的特性，套袋后除正常的管理外，还应进一步加大肥水管理和叶片保护，以维持健壮的树势。

(1) 合理施肥

① 幼果膨大期(4月下旬至5月下旬)，此期间果实迅速膨大，需要大量养分供应，肥料应氮、磷、钾配合。每株施硫酸钾0.5千克＋普钙0.5千克＋0.3千克尿素，开放射状沟施入土中。

② 果实膨大期(8月中下旬)，促进果实膨大，花芽分化，以磷、钾为主，重点施钾肥。每株施复合肥250克＋硫酸钾125克，开放射状沟施入。

(2) 合理灌水：灌足膨果水，减少梢果争水矛盾(6～7月上旬)。南方进入雨季后，要做好抗洪防涝工作。

3. 夏季修剪

夏剪分挂果修剪和不挂果修剪。

(1) 挂果修剪：指夏季植株正常挂果，在采果后进行修剪。修剪程度轻于春剪，修剪后树冠高度控制在 2 米以内。注意加强肥水供给。

(2) 不挂果修剪：指为了提高售价而摘除花果，把产期调控至秋季，植株在夏季不挂果的修剪。因夏季高温多雨，植株又不挂果，新梢的生长量大，生长快，应及时短截枝梢，控制枝梢高度和枝梢徒长。当梢长达 40 厘米以上时短截至 10 厘米左右，芽萌发后疏去过多枝梢。注意适度减少肥水供给。

4. 套袋后的病虫害防治

石榴病虫害较少，常见病虫害主要有炭疽病、干腐病、桃蛀螟、蚧壳虫、蚜虫等，要以防为主，进行综合治理。石榴病虫害的化学防治上选用药剂要注意石榴对某些有机磷类农药敏感，如"甲胺膦"等会产生药害引起落叶、落果甚至死亡。若需施用其他有机磷农药时应先做试验，安全时再全园施用。

(1) 石榴炭疽病：真菌病害，主要为害叶片、枝梢和果实。

【发病症状】叶斑近圆形或椭圆形，褐色至暗褐色，近缘色较深，斑芒现轮纹，潮湿时其上还可见朱红色针头大黏质小液点，病斑互相连合成斑块，致叶片干枯易脱落；枝梢受害患部表现短条状稍下陷黑褐色斑，绕茎扩展后每致枝梢枯死；果实受害，果面表现不定形黑褐色病斑，中部稍下陷，病斑连合成斑块，果肉亦变褐腐烂，随后逐步全果腐烂、变褐、干枯，引起落果，以夏、秋果受害严重。

【发病规律】炭疽菌主要以孢子侵染，分生孢子依靠雨水传播，或者通过昆虫传播。炭疽菌的孢子一般从自然孔口、气孔、皮孔或伤口入侵。炭疽病一般在病叶、病枝、果柄及病果内越冬,土壤也可能成为炭疽病病菌的越冬场所。炭疽病在高温、高湿、树木生长衰弱,园内卫生状况较差的地方较易流行。

【防治方法】

① 农业防治:冬季搞好清园工作,彻底清除田间枯枝、病枝、落叶和病果,集中烧毁;注重钾肥施用,提高抗病能力。

② 药剂防治:新梢嫩叶期及幼果期喷 70%甲基托布津可湿性粉剂 1000 倍液,或 75%百菌清 800～1000 倍液预防;喷药后套袋。

(2) 石榴干腐病:石榴干腐病主要为害果实,也能为害花和枝梢、枝干。

【发病症状】受害部位形成黑褐色斑块,病健交界明显,花和果实受害后会脱落,不落的果实在树上形成僵果(干果),僵果上有密集的小黑点为分生孢子器,枝梢、枝干受害后,树皮干枯,病健交界处往往开裂,病皮翘起,病枝衰弱甚至死亡。

【发病规律】干腐病从蕾期到果实采收前均能发生,发病早晚取决于降雨的早晚。果园郁闭、通风不畅发病更重。

【防治方法】

① 农业防治:剪除树上的枯枝,刮除病部的翘皮,集中烧毁,减少越冬病源。

② 药剂防治:在开花前及开花后的发病盛期用 1:1:5:160 倍的波尔多液或 70%甲基托布津可湿性粉剂 800～1000 倍液,大生 M-45 800～1000 倍液喷雾,人工摘除病花、病果集中烧毁。

(3) 石榴早期落叶病

【发病症状】石榴早期落叶病由不同病菌引发多种叶病,引起石榴早期大量落叶,由于叶片脱落过早,阻碍树体养分积累和贮存,影响来年产量。

【发病规律】石榴早期落叶病发生轻、重、早、晚与当年的雨水有密切的关系,雨水早(多)发病早重。病菌在落叶上越冬,翌年春季形成孢子,借风雨传播,先侵染树冠下部叶片,逐渐向上多次再侵染。

【防治方法】

① 农业防治:首先要清除病叶烧毁,再次合理疏剪,改善果园通风透光条件,减少发病机会和条件。

② 药剂防治:在开花前和第一次雨水透地后及时用1∶1∶200倍式的波尔多液,50%退菌特可湿性粉剂 600 倍液,50%甲基托布津可湿性粉剂 500 倍液喷雾。

(4) 石榴桃蛀螟:是石榴主要害虫,每年 8 月份是石榴树发生桃蛀螟的高峰季节,若不及时防治,对石榴树为害极大。

【发病症状】石榴受其为害,果实腐烂、造成落果,失去食用价值。

【发病规律】此虫一年发生 2~3 代,食性杂,发生期长,第一、第二代幼虫为害石榴最重,从第二代开始为害向日葵、玉米的果实。以老熟幼虫越冬,翌年 5 月份越冬代成虫羽化,白天静伏在背阴暗处,夜间活动,卵主要产在石榴萼筒中,初孵幼虫在萼筒内和果与果、果与叶、果与枝的接触处蛀食或钻入果内。幼虫有转主为害特性,幼虫老熟后在被害果内或果间及树皮缝中结茧,在茧内化蛹。

【防治方法】

① 农业防治:早春刮树皮,堵树洞;捡拾落果,消灭果内幼虫;在石榴园内点黑光灯或放置糖醋液诱杀成虫。

② 药剂防治:用 90%晶体敌百虫 1000 倍液,加适量黏土调至糊状即成药泥,把药泥塞入(或抹入)萼筒即可。

在桃蛀螟第一、第二代成虫产卵高峰期喷药,在 6 月上旬至7 月下旬,喷药 3~5 次,药剂可选 90%晶体敌百虫 500~1000 倍液;25%磷菊酯乳油 1000 倍液;2.5%溴氰菊酯乳油 1000 倍液;50%辛硫磷乳剂 1000 倍液。

(5) 石榴蚧壳虫:蚧壳虫主要为害石榴枝干,并诱发煤烟病。

【发病症状】果实和枝叶上产生白色的许多白色粉末,叶片诱发煤烟病,被害茎生长不良。

【发病规律】一年内发生数代,雌虫老熟后,自尾端分泌棉絮状之白腊质卵囊,产卵于囊内,卵期约 12～13 天,成虫及若虫皆密集于枝叶,叶背、叶腋及果实等部。蚧壳虫在山地果园、干旱缺水和郁闭的果园发生严重。

【防治方法】

① 农业防治:冬季刮除树皮,减少越冬病、虫害。

② 药剂防治:由于发生世代不整齐,增加了防治难度,各果园要注意观察其活动,抓住初孵和低龄若虫的关键时期及时防治。可选用 40％的速扑杀乳油 800～1000 倍液,48％的乐斯本 1000 倍液,25％的优乐得可湿性粉剂 1500 倍液;20％的蚧杀 1000 倍液,隔 10 天左右交替使用上述药剂喷雾,连续用药 2～3 次后能收到较好的防治效果。

(6) 番石榴蚜虫:主要为害新梢,每次新梢均有发生为害。

【发病症状】以成若蚜群集幼嫩梢叶吸食汁液,致新梢、叶片生长不正常,影响光合作用和树势,也诱发煤烟病。

【发病规律】在高温、干旱季节为害严重。

【防治方法】在新梢期喷 80％敌敌畏 1000 倍液,或 2.5％功夫等菊酯类药剂 3000 倍液,能有效控制其为害。

四、脱袋前后的管理

1. 摘袋时间

脱袋时间一般在 9 月上旬,即果实采收前 1 个月撕掉纸袋。果实成熟前 10～15 天至采收不要灌水,以免裂果影响果品的商品价值。

2. 摘袋方法

果实进入成熟期后，先撕开纸袋下部封口，等着色完全、籽粒饱满完熟后即可采收；塑膜袋可观察果实颜色，等充分着色后连果袋一同采摘。

五、采收与包装

1. 采收

采果时一手托果，一手用剪子沿果基部剪下，不留果柄，采果要轻拿轻放，防止机械损伤，采下的果实放入有衬垫的筐中运回包装场地，剔除病、虫、伤果后按果实大小分级。

2. 包装

待果实预冷晾干后，单果用保鲜袋装好，拧紧袋口，外套发泡网套，装入塑料果蔬贮藏箱内。装果前在箱底及四周铺衬厚0.008毫米、洁净、无毒的聚乙烯保鲜膜。装果时尽量纵向摆放，以防果柄、萼筒扎破保鲜袋或果实相互摩擦。

3. 采果后的管理

(1) 清园：冬季清园是果园病虫害防治中的一项重要工作，其主要任务是消灭越冬病、虫源，减轻翌年病虫害发生。主要工作包括剪除病虫枝、刮除果树基部老皮，并集中烧毁；用石灰水或石硫合剂涂白树干，杀死病虫，树体用3～5波美度的石硫合剂喷雾；清洁果园，把杂草、病虫枝叶等残物埋入土中，可减少病虫源，减轻为害。

(2) 秋季深耕、施基肥：采果后通过深耕把基肥施到地下

30 厘米左右的深度,使根系直接吸收到养分,深耕也可将地表的杂草、害虫躯体、病枝、枯枝深埋到土中,消灭部分病、虫源。

果实采收后,结合深翻施入基肥,混磷肥和锌、铁、钙、硼肥等,施肥量占全年的 60％以上。基肥以农家肥、过磷酸钙、骨粉等迟效肥为主,结合秋基深耕施入。时间为采果后 1 周到冬至前,早施利于树体恢复树势。采果后 1 周,沿石榴树滴水线开施肥沟,沟深 30～50 厘米,宽 20～30 厘米,避免伤到铅笔粗细的根,铲断较细的根系。施入腐熟的农家肥,回土灌水。为防止断根后感病也可在施肥前刷石灰浆或用杀菌剂消毒。幼年石榴树每株施农家肥 25～50 千克,结果树按当年产量的 2 倍施入较合理,基肥占全年施肥量的 80％左右。

(3) 秋剪:在秋季大批果实采收后进行,程度轻于夏剪,一般只短截较长的枝条,使植株在冬季保持较高的树冠以防霜冻。秋剪不宜重,因剪后进入冬季,其时低温少雨,新梢生长不正常,易受霜冻为害。

第五章　猕猴桃果套袋技术

近年来,在猕猴桃栽培中也提倡果实套袋。果实套装对于防止猕猴桃果面污染,降低果实病虫害的感染率,提高果实品质,很有益处。但套袋技术应用于猕猴桃生产不久,许多技术尚待进一步完善和推广。

一、套袋前的树体管理

1. 猕猴桃架式的选择

套袋适宜于猕猴桃的所有品种,适合生产上常用的"T"型架、大棚架、篱壁架等。

2. 芽前病虫害防治

早春去除防寒土、固定主蔓上架后,立即喷施 5 波美度石硫合剂 1 次。

3. 套袋前的肥、水管理

(1) 追芽前肥:萌芽期沟施 1 次速效氮肥,用量占全年施肥量的 10%;在新梢生长期再施 1 次,用量占全年量的 20%。施肥量不宜过大或集中,以免烧根,每次追肥与灌水结合。

(2) 浇水:萌芽期、花前、花后按照土壤湿度各灌水 1 次,但花期应节制灌水,以免降低地温,影响花的开放。

4. 人工授粉

以蜜蜂授粉为主,蜂源不足或受天色影响时采用人工授粉。

(1) 蜜蜂授粉:在约 10%的雌花开放时,每公顷果园放置 5～7 箱蜜蜂,园中和果园四周不能有与猕猴桃花期不同的植物,园中的三叶草等绿肥应在蜜蜂进园前刈割一遍。

(2) 人工授粉:于雄花开放当天,采摘雄花,然后去授开放不久的雌花(花瓣白色新鲜的),一朵雄花可授 10 朵左右雌花。对雌雄花期不相遇,也可采集第二天将要开放的雄花,在 25～28℃下干燥 12—16 小时,收集散出的花粉,用 10 倍干燥的淀粉拌和,贮于低温干燥处或冰箱的保鲜层,用软毛笔或海绵棒在当天开放的雌花柱头上涂沫。也可将花粉用滑石粉稀释 20～50 倍,用电动喷粉器喷粉,或将花粉用 0.5%糖液稀释用喷雾器授粉。

5. 疏果

猕猴桃坐果高时进行疏果。疏果在谢花后 40 天进行,疏除小果、弱果、僵果、病虫果、畸形果。一个叶腋有 3 个果实,应当留顶果,疏侧果。在一个结果枝上疏基部的果,留中、上部的果。短果枝留 1～2 个果,中果枝留 2～3 个果,长果枝留 3～5 个果。所留果之间的距离为 8～10 厘米。

6. 植物生长调节剂的使用

允许有限度使用对改善树冠结构的植物生长调节剂,禁止使用对环境造成污染和对人体健康有为害的植物生长调节剂,如吡效隆系列的"大果灵"、"大果一号"等果实膨大剂。

二、套袋技术

1. 果袋选择

纸袋选择以单层米黄色薄蜡质木浆纸袋为宜,这样的果袋透气性好,有弹性,防菌、防渗水性好。要选择信誉好的正规厂家,做工标准,袋底两角有通气流水口的果袋。袋的规范长度为190毫米,宽度为140毫米。这种果袋适合所有猕猴桃品种。

2. 套袋时间

猕猴桃套袋宜在落花后30天左右开始进行,早熟品种红阳从6月7日开始至20日左右结束;晚熟品种海沃德、金香、徐香等从6月20日至7月10日,用10～15天时间套完。套袋过早,容易伤及果柄果皮,不利于幼果发育;套袋过晚,果面粗糙,影响套袋效果,果柄木质化不便于操作。套袋应在早晨露水干后,或药液干后进行,晴天一般上午9－11时和下午4－6时为宜,雨后也不宜立即套袋。

3. 套袋方法

(1) 套袋前的准备

① 套袋前喷药:果实套袋前全园喷布一次杀虫杀菌剂,可喷施丽致(纳米欣)1200倍液＋柔水通4000倍液或者导施(宝贵)12000倍液＋柔水通4000倍液,控制金龟子、蝽蟓、蚧壳虫等害虫,防治果实软腐病、灰霉病等其他病害。另外,可针对缺素症发生情况,喷施硼、钙、铁、锌等微量元素肥料。喷药几小时后方可套袋。若喷药后12小时内遇上下雨,则要及时补喷药剂,露水未干不能套袋。

② **果袋准备**：套袋前一天晚上应将纸袋置于潮湿地方，使袋子软化，以利于扎紧袋口。

(2) 套袋操作：为了提高套袋效率，操作者可准备一围袋围于腰间放果袋，使果袋伸手可及。

果实选定后，左手托住纸袋，右手撑开袋口，使袋体鼓胀，并使袋底两角的通气放水孔张开；袋口向上，双手执袋口下2～3厘米处，将幼果套入袋内，使果柄卡在袋口中间开口的基部；将袋口左右分别向中间横向折叠，叠在一起后，将袋口扎丝弯成"V"形夹住袋口，完成套袋。套时注意用力要轻重适宜，方向始终要向上，避免将扎丝缠在果柄上，要扎紧袋口。这样操作的目的在于使幼果处于袋体中央，并在袋内悬空，防止袋体摩擦果面和避免雨水漏入、病菌入侵和果袋被风吹落。

三、套袋后的管理

1. 套袋后的检查

定期检查套袋果生长情况，对果实生长及病虫害情况进行调查记载，并及时采取相应对策，发现破碎袋及时更换。

2. 套袋后的肥、水管理

6月上中旬追施"壮果肥"，株施氮磷钾复合肥1～1.5千克；7月中下旬果实膨大着色期适量追施磷钾肥，株施猕猴桃有机复合肥1.5千克，或硫酸钾复合肥1千克。结合喷药，隔15～20天叶面喷施CA2000钙宝、奇蕊氨基酸螯合肥、磷酸二氢钾、沼液等叶肥。

天气长期干旱，果袋内温度过高，易产生果实日灼，要均衡、及时灌水。雨季注意排涝，防止沤根。

3. 夏季修剪

一是除萌即抹除砧木上发出的萌蘖和主干或主蔓基部萌发的徒长枝,除留作预备枝外,其余的一律抹除;二是摘心即坐果期,春梢已半木质化时,对徒长性结果枝在第十片叶或最后一个果实以上7~8片叶处摘心;春梢营养枝第十五片叶处摘心,如萌发二次梢可留3~4片叶摘心;三是疏枝即疏除过密、过长而影响果实生长的夏梢和同一叶腋间萌发的两个新梢中的弱枝;四是弯枝即幼树期对生长过旺的新梢进行曲、扭、拉,控制徒长,并于8月上旬将枝蔓平放,促进花芽分化。

4. 套袋后的病虫害防治

套袋后主要以保叶为主,适当减少喷药次数。主要病虫害有花腐病、炭疽病、褐斑病、疫霉病、根朽病和金龟子、透翅蛾、花蕾蛆、吸果夜蛾等,主要采取以加强管理,增强树势,强化土壤消毒,加强预防为主的综合防治方法防治。

(1) 花腐病:主要为害花,也为害叶片,重则造成大量落花和落果。

【发病症状】发病初期,感病花蕾、萼片上出现褐色凹陷斑,随着病斑的扩展,病菌入侵到芽内部时,花瓣变为橘黄色,开放时呈褐色并开始腐烂,花很快脱落。受害轻的花虽然也能开放,但花药花丝变褐或变黑后腐烂。病菌入侵子房后,常常引起大量落蕾、落花,偶尔能发育成小果的,多为畸形果,受害叶片出现褐色斑点,逐渐扩大,最终导致整叶腐烂,凋萎下垂。

【发病规律】病菌在病残体上越冬,主要借雨水、昆虫、病残体在花期传播。该病的发生与花期的空气湿度、地形、品种等有密切的关系。花期遇雨或花前浇水,湿度较大或地势低洼、地下水位高,通风透光不良等都是发病的诱因。该病发生的严重程度与开花时间有密切的关系,花萼裂开的时间越早,病害的发生就越严重。从花萼开裂到开花时间持续得越长,发病也就越严重。雄蕊最容易感病,花萼相对感病较轻。

【防治方法】

① 农业防治:加强果园管理,增施有机肥,及时中耕,合理整形修剪,改善通风透光条件,均能增强树势,减轻病害的发生。据研究,在开花前1个月进行主干环剥具有明显的防治效果。

② 药剂防治:花腐病发生严重的果园,萌芽前喷80～100倍波尔多液清园;萌芽至花前可选用80％金纳海水分散粒剂600～800倍,或喷1000万单位农用链霉素可湿性粉剂400倍,或2％春雷霉素可湿性粉剂40倍,或2％加收米可湿性粉剂400倍,或50％加瑞农可湿性粉剂800倍等＋柔水通4000倍混合液喷雾防治。

(2) 炭疽病:本病为雨水多、湿度大的南方猕猴桃栽培区主要的病害之一,北方也有发生;应引起注意。

【发病症状】炭疽病不但为害果实,也为害枝蔓和叶片。叶片被害常从边缘起出现灰褐色病斑,初呈水渍状,病健交界明显,逐渐转为褐色不规则形斑;后期病斑中间变为灰白色、边缘深褐色,其中散生许多小黑点。病叶叶缘稍反卷,易破裂。受侵害的枝蔓上出现周围褐色、中间有小黑点的病斑。受害果实最初为水渍状、圆形病斑,逐渐转成褐色、不规则形腐烂斑,最后整个果实腐烂。

【发病规律】病菌主要在病残体上越冬,来年春季借风雨传播,从气孔和伤口入侵,常温高湿时发病重。

【防治方法】

① 农业防治:加强果园土肥水管理,重施有机肥,科学整形修剪,创造良好的通风透光条件,维持健壮的树势,减轻病害的发生。结合秋季施肥和冬季修剪,清扫落叶落果,疏除病虫为害的枝条,消灭越冬的菌源。

② 药剂防治:萌芽前,全园喷布1次25％金力士乳油6000倍＋柔水通4000倍混合液,或5波美度石硫合剂消灭树体表面的病菌。

开花前,全园再喷布1次25％金力士乳油6000倍,或70％纳米欣可湿性粉剂1000倍,或50％鸽哈悬浮剂1000倍＋柔水通4000倍混合液,兼防灰霉病。

发病初期,可选用70％纳米欣可湿性粉剂1000倍,或80％金纳海水分散粒剂800倍,或50％鸽哈悬浮剂1000倍,或42％喷富露悬浮剂600～800倍,或80％保加新可湿性粉剂800倍,或25％金力士乳油6000～7000倍＋柔水通4000倍混合液全园喷雾防治,注意间隔5～7天,连喷2～3次。

(3) 褐斑病:主要为害叶片,也为害果实和枝干。

【发病症状】发病部位多从叶缘开始,初期在叶边缘出现水渍状暗绿色小斑,后病斑顺叶缘扩展,形成不规则大褐斑。发生在叶面上的病斑较小,约3～15毫米,近圆形至不规则形。在多雨高温条件下,叶缘病部发展迅速,病组织由褐变黑引起霉烂。正常气候条件下,病斑周围呈现深褐色,中部色浅,其上散生许多黑色点粒。病斑为放射状、三角状、多角状混合型,多个病斑相互融合,形成不规则型的大枯斑,叶片卷曲破裂,干枯易脱落。高温干燥气候下,被害叶片病斑正反面呈黄棕色,内卷或破裂,导致提早枯落。果面感染,则出现淡褐色小点,最后呈不规则褐斑,果皮干腐,果肉腐烂。后期枝干也受病害,导致落果及枝干枯死。

【发病规律】病菌随病残体在地表上越冬。翌年春季气温回升,萌芽展叶后,在降雨条件下,病菌借雨水飞溅或冲散到嫩叶上进行潜伏侵染。侵入后新产生的病斑,继续反复侵染蔓延。4～5月多雨,有利于病菌的侵染,6月中旬后开始发病。7～8月高温高湿进入发病高峰期。病叶大量枯卷,感病品种成片枯黄,落叶满地。秋季病情发展缓慢,但在9月份遇到多雨天气,病害仍然发生很重,10月下旬至11月底,猕猴桃植株渐落叶完毕,病菌在落叶上越冬。

【防治方法】

① 农业防治:加强果园土肥水的管理,重施有机肥,合理排灌,改良土壤;适量留果,维持健壮的树势是预防病害发生的基础;结合冬季修剪,彻底清除病残体,并及时清扫落叶落果,是预防病害发生的重要措施;科学整形修剪,注意夏剪,保持果园通风透光;夏季高温高湿,是病害的高发季节,注意控制灌水和排水工作,以降低湿度,减轻发病程度。

② 药剂防治:发病初期,应加强预测预报,及时防治。可选用70%纳米欣可湿性粉剂1000~1500倍,或50%鸽哈悬浮剂1000~1500倍,或25%金力士乳油6000~7000倍,或75%耐尔可湿性粉剂500倍,42%喷富露悬浮剂500~600倍,隔7~8天喷1次,喷2~3次,可有效地控制病害流行。

(4) 疫霉病:该病主要为害根,也为害根颈、主干、藤蔓。

【发病症状】发病症状有两种:一种为从小根发病,皮层水渍状斑,褐色,病斑渐扩大腐烂,有酒糟味。随着小根腐烂,病斑逐渐向根系上部扩展,最后到达根颈。另一种为根颈部先发病。发病初期主干基部和根颈部产生圆形水渍状病斑,后扩展为黯褐色不规则形,皮层坏死,内部呈黯褐色,腐烂后有酒糟味。严重时,病斑环绕茎干,引起主干环割坏死,延伸向树干基部。最终导致根部吸收的水分和养分运输受阻,植株死亡。地上部症状均表现萌芽晚,叶片变小、萎蔫,梢尖死亡。严重者芽不萌发,或萌发后不展叶,最终植株死亡。

【发病规律】该病属土传病害。黏重土壤或土壤板结,透气不良,土壤湿度大,渍水或排水不畅,高温、多雨时容易发病。幼苗栽植不当,埋土过深,也易感病。夏季根部在土壤中被侵染后,10天左右菌丝体大量发生,然后形成黄褐色菌核。该病春夏发生,7~

9月严重发生,10月后停止蔓延。被伤害的根、茎也容易被感染。

【防治方法】

① 农业防治:通过重施有机肥改良土壤,改善土壤的团粒结构,增加土壤的通透性;保持果园内排水通畅不积水,降低果园湿度,预防病害的发生;避免在低洼地建园,在多雨季节或低洼处采用高畦栽培。

② 药物防治:发病初期,可以视病情发生程度扒土晾晒,并选用65％普德金可湿性粉剂300倍,或80％保加新可湿性粉剂400倍,或80％金纳海水分散粒剂400倍＋柔水通4000倍混合液对主干基部、主干上部和枝条喷雾;必要时可用25％金力士乳油2000～3000倍,或70％纳米欣可湿性粉剂50倍＋柔水通4000倍混合液等灌根;病情较重者,仔细刮除病斑,再用25％金力士乳油200～300倍＋柔水通600～800倍混合液涂抹处理,以上用药可交替使用。严重发病树,刨除病树烧毁。

(5) 金龟子:为害猕猴桃的金龟子种类有十多种。

【发病症状】幼虫和成虫均为害植物,食性很杂,几乎所有植物种类都吃。成虫吃植物的叶、花、蕾、幼果及嫩梢,幼虫啃食植物的根皮和嫩根,为害的症状为不规则缺刻和孔洞。美味猕猴桃品种秦美等有毛,金龟子不喜食,受害较轻。金龟子在地上部食物充裕的情况下,多不迁飞,夜间取食,白天就地入土隐藏。

【发病规律】其生命周期多为1年1代,少数2年1代。1年1代者以幼虫入土越冬,2年1代者幼、成虫交替入土越冬。一般春末夏初出土为害地上部,此时为防治的最佳时机。随后交配,入土产卵。7～8月幼虫孵化,在地下为害植物根系,并于冬天来临前,以2、3龄幼虫或成虫状态,潜入深土层,营造土窝(球形),将自己包于其中越冬。

【防治方法】

① 农业防治:利用其成虫的假死性,在其集中为害期,于傍

晚、黎明时分进行人工捕杀。利用金龟子成虫的趋光性,在其集中为害期,于晚间用蓝光灯诱杀。

② 药物防治:在播种或栽苗之前,用 40%安民乐乳油或 40%好劳力乳油 400 倍液全园喷雾或浇灌,处理土壤表层后,深翻20～30 厘米,以消灭蛴螬。

花前 2～3 天的花蕾期,喷布 2.5%虫赛死乳油 1500 倍,20%阿托力乳油 2000 倍,40%安民乐乳油 1000 倍+柔水通 4000 倍混合液,配合用 40%安民乐乳油或 40%好劳力乳油 300～400 倍液喷雾地表并中耕,消灭金龟子于出土前。

(6) 叶螨:为害猕猴桃的叶螨类主要有山楂叶螨、苹果叶螨、二斑叶螨、朱砂叶螨、卵形短须螨等。

【发病症状】叶螨常附着在芽、嫩梢、花、蕾、叶背和幼果上,用其刺吸式口器汲取植物的汁液。被害部位呈现黄白色到灰白色失绿小斑点,严重时失绿斑连成片,最后焦枯脱落。成螨、若螨均能为害。

【发病规律】螨类繁殖很快,1 年数代到数十代。多以受精雌螨在树干、土壤缝里越冬。高温干旱年份有利于大发生。

【防治方法】

① 农业防治:结合冬季清园,清扫落叶落果,疏除病虫枝蔓并集中烧毁或深埋。

② 药物防治:花前用 20%螨死净乳油 2000 倍液,或 15%哒螨灵可湿性粉剂 2000～3000 倍液,或 1.8%阿维菌素乳油 3000～4000 倍+柔水通 4000 倍混合液;花后和夏季则可选择 73%螨涕乳油 2000～3000 倍,或 5%尼索朗乳油 3000 倍,或 1.8%阿维菌素乳油 3000～4000 倍+柔水通混合液。

四、脱袋前后的管理

采收前 7 天去掉果袋,提高果面着色度。如遇阴雨天气,可推迟去袋,推迟采收,避免雨水造成果面污染。也可以带袋采摘,采后处理时再取掉果袋。

五、采收与包装

1. 适时采收

中华猕猴桃早熟品种在 8 月下旬至 9 月上旬,迟熟品种在 9 月中、下旬至 10 月上旬采收,美味猕猴桃在 10 月底至 11 月上、中旬采收,最晚不迟于露霜。每天采收时间最好在早晨露水干后至中午以前采收,下午温度高,果实在筐内易发热。

2. 采收方法

绑于结果枝上的果袋,首先托住果袋底部,松解果袋扎丝,旋转果袋连果袋一同摘下果实;绑于果柄的可拖住果袋底部旋转带果的果袋连果袋一同摘下果实。

3. 包装

果实采收后一般按大小规格,进行分级包装,一级果单果重 100 克以上;中华猕猴桃二级果 80～100 克,美味猕猴桃 70～100 克;三级果 50～80 克。

4. 催熟

猕猴桃果实采收后,有一个后熟过程。环境中乙烯浓度越高,后熟越快。因而可用乙烯利浸果催熟,而提早 2 周上市。也可用厚度为 0.05 毫米的聚乙烯薄膜,把一箱一箱装好的猕猴桃,整堆包封起来,利用果实自身释放的乙烯催熟。

5. 贮藏保鲜

利用常温贮藏、低温贮藏和气调贮藏等方法,可分别对猕猴桃进行短期贮藏(1～2 个月)、中长期贮藏(4～6 个月)和长期贮藏(6～8 个月),其中低温贮藏应用得最广泛。

6. 果实采收后的管理

(1) 清园:采收后,将用过的废果袋、病僵果、病虫枝条、病叶等集中烧毁或深埋,以减少果园初侵染菌源和虫源。

(2) 施基肥:在 10 月下旬至 11 月下旬果实采摘后,立即在树盘周围挖深 35 厘米,宽 30 厘米的环状沟或沿植株行向开沟,施入腐熟的有机肥并加入油饼、磷肥,然后灌水复土。亩施渣肥 1500～3000 千克,油饼 150～200 千克,磷肥 100～150 千克。

(3) 采后水:越冬前灌水 1 次。

(4) 合理冬剪

① 幼龄树的修剪:为培养好主干、主枝、亚主枝及部分结果母枝,生长期内抹除砧木萌蘖,抹去无用的萌芽。结果母枝在抽发至 60～80 厘米长时摘心;对作为骨干枝培养的新梢在其顶端出现抽发无力并卷曲生长时,立即进行摘心。落叶休眠期内对新梢适当进行短截,截至枝条上端芽饱满部位。

② 生长结果期的修剪

Ⅰ. 修剪宜轻,适当删密留疏。营养枝、结果枝分布合理,对扰乱树形的徒长枝和直立枝从基部剪除。

Ⅱ. 生长期内营养枝留 60～80 厘米长摘心,结果枝于最上面着果节上部留 5～7 叶摘心,对二次新梢留 3～5 叶摘心,休眠期对当年生新梢适当进行短截。

③ 盛果树的修剪

Ⅰ. 强势树宜轻剪,弱势树重剪,疏删与短截相结合,生长期以摘心为主。

Ⅱ. 生长期内对所有营养枝(一次梢、二次梢、三次梢)都要进行摘心,强枝壮梢留长,弱枝细枝留短,一次梢留长,二、三次梢留短,美味品种留长,中华品种适当留短。

Ⅲ. 冬季休眠期精细修剪,中华品种,中庸、粗壮营养枝留 6～10 个饱满芽,结果母枝的枝间距离保持 30 厘米左右,树势强的美味品种营养枝留 10～15 个芽,结果母枝枝间距离应保持在 35～40 厘米左右。

Ⅳ. 枯枝、严重病虫枝从基部剪除。

Ⅴ. 徒长枝原则上从基部剪除,但对位置好的,可留 4～8 个芽短截。

Ⅵ. 对已衰老或连续结果 2～3 年的结果枝应回缩到健壮部位。对已趋老化衰退的亚主枝,要进行回缩轮换更新。

Ⅶ. 雄株的修剪冬夏结合,主要是夏剪。谢花后立即将花枝短截,对新枝都要进行摘心。删除花量少、花质差的弱枝、扭曲枝、病虫枝、枯枝及密生的徒长枝。

第六章 葡萄套袋技术

鲜食葡萄套袋是最近几年兴起的一种新栽培技术,它不但可以防止病虫和鸟等对果穗的为害,而且有防止裂果、提早成熟的作用。经过套袋的果穗病虫害明显较少,而且果粒色泽良好,果粉保存完整,因而成为当前生产无公害、优质、高档果品的重要措施。

一、套袋前的树体管理

1. 葡萄架式的选择

葡萄的架式主要分篱架和棚架两大类,其中单壁篱架的架面与地面垂直,架面两侧都能受光,通风透光条件良好,有利于浆果品质的提高。因此,葡萄套袋栽培适宜采用单壁篱架的架式。双壁篱架以及棚架等架式,只要能够保证透光和足够的叶面积,也可以进行果穗套袋。

2. 芽前病虫害防治

早春去除防寒土、固定主蔓上架后,立即喷施 40% 福美胂100～150 倍液,或 80% 五氯酚钠 200～300 倍液加 5 波美度石硫合剂。

3. 套袋前的肥、水管理

葡萄从展叶至开花期前后对氮素的需求量最大;葡萄对磷的需求高于一般果树,在新梢旺盛生长和浆果膨大期吸收磷最多;对钾的需求量超过氮和磷,在整个生长季节中都吸收钾,但随着浆果的膨大,钾的吸收量明显地增加;花期前后对硼的需求最大;葡萄喷施钙肥对提高果实采后品质,延长贮藏期作用明显。

根据葡萄的需肥特点,施肥时应掌握几个原则:即以基肥为主,追肥为辅;根部施肥为主,根外施肥为辅。农家有机肥为主,化肥为辅;看树施肥,大树多施,小树少施;弱树多施,壮树少施;结果多的多施,结果少的少施。氮、磷、钾三要素肥料多施,微量元素少施。

(1) 追芽前肥:追芽前肥以速效性氮肥为主。此时葡萄根系已经开始活动,追肥效果明显,可以提高萌芽率,增大花序,迅速扩大叶幕。如果植株生长势偏旺或基肥施入量大且加有复合肥等,萌芽前可以不追肥。追肥常用尿素、碳酸氢铵、硫酸铁等。

(2) 催芽水:北方埋土区在葡萄出土上架后,结合催芽肥立即灌水。灌水量以湿润 50 厘米以上土层即可,过多将影响地温回升。长城以南轻度埋土区,埋土厚度一般在 20 厘米左右,若冬春降雪少,常会引起抽条。因此,在葡萄出土前、早春气温回升后,顺土沟灌 1 次水,能明显防止抽条。南方非埋土区也根据降雨及土壤含水量较少的情况下灌好催芽水。

北方春季干旱少雨,花前水应在花前 10 天左右,不应迟于始花期前 1 周。这次水要灌透,使土壤水分能保持到坐果稳定后。北方葡萄园如忽视花前灌水,一旦出现较长时间的高温干旱天气,将导致花期严重落果,尤其是中庸或树势较弱的植株,更需注意催芽水。开花期切忌灌水,以防加剧落花落果。

(3) 花前病虫害防治:开花前喷 1 次霉菌特或 80% 大生 M-45;花后喷 1 次 68.7% 杜邦易保 600～800 倍液,防治黑豆病和穗轴褐枯病。

(4) 花前追肥:花前追肥以速效性氮磷为主,也可少量追施钾肥,同时叶面喷施硼砂。这次追肥主要是利于葡萄开花、授粉、受精和坐果,同时有利于当年的花芽分化。但对于落花落果严重的品种,花前一般不追氮肥,只进行叶面喷肥,而应在开花坐果后尽早追施氮肥。

4. 套袋前的果穗处理

在葡萄开花前,根据花穗的数量和质量疏去一部分多余的、发育不好的花穗,使养分集中供应给留下的优质花穗,以提高果实品质和坐果率。疏穗时通常疏除花器发育不好、穗小、穗梗细的劣质花穗。为使花穗外观一致,所结果实成为标准化、规格化的优质商品,还需修剪花穗,先除副穗,把花穗上部的 2～3 个小穗摘除,下端的穗尖掐掉 1～2 厘米。整个花穗留 14～15 个小穗,使果穗整齐、美观。

在开花后 15～20 天,果粒约有黄豆大小时疏果粒。由于不同品种果穗重量和果粒大小有差异,故而留数也不相同。对于巨峰系及一些大果粒品种,商品上要求其标准果穗重应在 460～500克,每粒果粒重 10～15 克,每个果穗保留 40～45 个粒,藤稔每穗应留 30～35 粒。疏粒时应先疏病虫果、裂果、日灼果及畸形果,再疏过大果、无种子的小果,选留大小一致、排列整齐向外的果粒。疏果后使用赤霉素、云苔素、硕丰 481 等可增大果粒,使穗形整齐美观。

红地球葡萄,套袋前 1～2 天,用 22.2％戴挫霉 1200～1500倍喷果穗或涮果穗。

二、套袋技术

1. 果袋选择

葡萄套袋应根据品种和各地区气候条件及园内树势状况、经济能力等合理选择，最好购置专门供葡萄用的商品袋。

一般巨峰系葡萄用巨峰专用的纯白色、经过处理的聚乙烯纸袋为宜。红色的品种可用一面是纸、一面是带孔玻璃纸的果袋。

与普通葡萄套袋相比，玻璃纸葡萄袋接受天然光照，不影响葡萄幼果的正常生长；日常管理方便，可以一目了然地观察葡萄的生长状况，有病虫害可及时防治，减少损失；透光性能好，可增强生理代谢活性酶的活性，促进葡萄的呼吸与蒸腾作用，生长速度快，果粒长得大且均匀；通气性好，有利调节袋内的湿度与葡萄的生理代谢过程，有效防止病菌感染和病虫害的发生；采光时间长，充分进行光合作用，易于钙、镁、挥发性芳香物质的吸收，糖度高、表光好，提高葡萄品质；带袋上色快，提前上市，也可调节方向控制成熟时间达到分批上市；带袋采摘、运输、销售，防止各环节中的损伤与二次污染，耐储存货架期长。

规格可根据不同品种的穗形大小来选用，一般有 175 毫米×245 毫米、190 毫米×265 毫米、203 毫米×290 毫米等几种类型。

2. 套袋时间

一般在生理落果后（坐果后 15～20 天）进行套袋，即果粒长到豆粒大小疏粒后立即套袋，在雨季来临前结束，以防止早期侵染病害和防止日灼。

要避开雨后高温天气或阴雨连绵后突然放晴的天气套袋。否则，会使日灼加重。一天中，套、摘袋宜在上午 8—10 时、下午 4 时后进行。

3. 套袋方法

(1) 套袋前喷药：套袋前须对果穗细致地喷洒 1 次高效、低毒的杀菌剂和杀虫剂，药剂可用乙膦铝 800 倍液，或代森锰锌 1000 倍液，或多菌灵 1000 倍液，或 40％芦笋青粉剂 500 倍液，或 70％

甲基托布津 800 倍液等杀菌剂,预防果穗病害的发生。

(2) 套袋操作

① 纸制果袋套袋方法:套袋前将整捆果袋放于潮湿处,使之返潮、柔韧。选定幼穗后,小心地除去附着在幼穗上的杂物,左手托住纸袋,右手撑开袋口,使袋底两角通气放水孔张开,手执袋口下 2~3 厘米处,袋口向上套入果穗,然后再将袋口从两边收缩到一起,集中于穗柄上,应紧靠新梢,力争少裸露果柄,用袋上自带的细铁丝将口扎紧。铁丝扎线以上留纸袋 1~1.5 厘米。袋口要扎紧,以免害虫爬入袋内为害果穗和防止果袋被风吹落。

② 玻璃纸袋套袋方法:不同位置的果穗要有不同的套袋方法,在葡萄树外围阳光照射强的葡萄套袋,把白纸一面朝外,防止日灼的发生。树下和树中部背光的果穗、阳光照射弱的葡萄,玻璃透光面应朝日光,这样葡萄采光足,可达到更好的上色效果。

(3) 注意事项

① 首先检查果袋是否破损,皱缩、裂口者均不可使用。

② 喷完药后,待干水后即可套袋,最好随干随套,若不能流水作业,喷完后 2 天内应套完,间隔时间过长,果穗易感病,会在袋中烂果。

③ 套袋时,尽量避免用手触摸、揉搓果穗。

三、套袋后的管理

1. 套袋后的检查

套袋后要随时进行检查,发现开口或破损要及时更换。

2. 套袋后的肥、水管理

(1) 及时追肥

① 幼果期追肥:根部追肥以氮肥和磷肥为主,适当加入钾肥,可以有效促进浆果迅速膨大,同时有利于促进花芽分化。这一时期追肥要注意观察植株长势,如果果旺长,可以少施或不施氮肥。

幼果期叶面肥主要以钙为主,可以选喷乳酸钙、巨金钙、美林钙以及瑞培钙、翠康钙宝。落花落果、大小粒严重时,可选喷斯德考普、康补肥精等。

② 成熟期追肥:根部追肥以磷肥和钾肥为主。为果实成熟和枝条充分成熟提供足够的磷、钾肥,同时可以促进浆果着色完好,提高果实含糖量。

(2) 水分管理:随果实负载量的不断增加,新梢的营养生长明显减少,应加强灌水,增强副梢叶量,防止新梢过早停长。但此时雨季即将来临,灌水次数视情况酌定,南方还须注意排水。在此期间,植株根系分布极浅,枝叶嫩弱,遇高温干旱极易引起落叶。试验证明,先期水分丰富,后期干燥落叶最重,同时影响养分吸收,尤其是磷、其次是钾、钙、镁的吸收。梅雨期土壤保持 70% 含水量,以后保持 60%,果重及品质最好。

3. 夏季修剪

(1) 除梢:除梢一般在葡萄萌芽至花序吐露期进行,除梢越早,养分消耗越少。除梢时主干和老蔓上的萌发芽、并生芽、细弱芽、病虫芽、过密芽以及结果少的芽一律去除,使保留的芽分布均匀、生长健壮,促进结果。

(2) 摘心:摘心的早晚和次数原则上应根据品种、树势和修剪方法而定。花期摘心可使新梢停止生长 10~15 天,使养分流向花序,能确保授粉良好,提高坐果率。生长健壮的结果枝在花序以上

留4～6片叶摘心,延长枝留12～20片叶摘心,预备枝留10～15片叶摘心,这样有利于促进果实成熟和加速枝蔓木质化。萌芽长势过旺时,要进行多次摘心,以控制枝蔓生长,减少养分消耗。

(3) 副梢处理:果穗下部的副梢要全部除去,上部可留1～4片叶摘心,以后再发生的副梢,除留最上一枝蔓外全部去除。在发育蔓上的副梢留2～3片叶摘心,以后萌发的如有花穗,可以保留,否则只留顶端1个,其余全部去除。

(4) 去卷须和缚蔓:为节约树体营养,卷须要尽量去除。梢端的2～3个幼嫩卷须最好保留,以保持生长点优势,待新梢向前延长25厘米以上时再除须。为防止枝蔓折伤和架面分布不均匀,篱架一般在枝蔓30～40厘米处绑一个,棚架一般在枝蔓1米处绑一个。

4. 套袋后的病虫害防治

套袋后要重点防治新梢和叶片的病虫害,特别要注意防治黑痘病、灰霉病、白腐病、炭疽病、穗轴病、气灼病、灰霉病的发生。但同时要经常检查袋内果穗是否有病虫害发生,以便及早防治。

(1) 葡萄黑痘病:葡萄黑痘病又称疮痂病,俗称"鸟眼病",是严重为害葡萄的一种病害,各地均有发生,以南方高温多湿地区发病较重,葡萄生长全过程都有发生。

【发病症状】幼叶、嫩梢、幼果、卷须等均受害。

幼叶发病时,呈现多角形斑,叶脉受病部分停止生长,造成叶片皱缩畸形。叶片受害时,则发生疏密不等的黄色圆斑,边缘暗褐色,中央浅褐色或灰白色,以后病斑干枯,常形成穿孔。

嫩梢、叶柄和果柄被害时,先发生紫褐色长椭圆形病斑,凹陷严重时病斑相连,幼叶和病枝干枯。

幼果被害时,果面发生淡褐色小斑,小斑近圆形,边缘紫褐色,中央渐变白色,稍凹陷,上有黑色小点(即分生孢子),病果不能长大,味酸,无食用价值。

【发病规律】黑痘病属真菌病害,病菌在叶及枝蔓上越冬,靠雨水传播侵染,春夏之间多雨、多雾、潮湿易发病,果园地势低洼,排水不良,管理粗放,通风透光不好及偏施氮肥等发病较重。

不同品种抗病力差异很大,马奶子、龙眼、玫瑰香等品种感病较重;白羽、鸡心等品种抗病力较强。树势强、叶片厚、叶背绒毛多、果皮较厚的品种抗病力也较强,否则抗病力弱。

【防治方法】

① 农业防治:搞好冬季清园是防治黑痘病的一项关键性措施。冬季应彻底剪除病枝,清扫园内病叶、病果集中烧毁,以清除越冬菌源。

② 药物防治:在葡萄发芽前(冬芽鳞片开始微露红而未露绿时)喷洒 1 次铲除剂,消灭越冬潜伏病菌。常用的铲除剂有 3～5 波美度石硫合剂或五氯酚钠 200～300 倍液加 2 波美度石硫合剂。除喷洒植株外,还要喷洒地面、铁丝、架材等,做到园内全面消毒。

发芽前喷 1 次 3～5 波美度石硫合剂加 0.5％五氯酚钠或 25％别腐烂(双胍盐)250 倍液;展叶后至果实着色期,高温多雨地区每隔 5～7 天,较干旱少雨地区每隔 10～12 天喷 1 次半量式波尔多液(即 1 千克蓝矾,0.5 千克生石灰,200 千克水),或用 78％科博 600 倍液,或用 80％大生 M-45 700～800 倍液,或 50％多菌灵 600～800 倍液,或 70％甲基托布津 800～1000 倍液,或 40％福星 8000 倍液。各种农药要按规定间隔时间交替使用,提高药效。如遇大雨后晴天,要补喷药剂,保持防治效果。

(2) 葡萄灰霉病:葡萄灰霉病现已成为葡萄生产上的重要病害之一。多发生在高温多湿地区或季节,也是保护地葡萄生产和贮藏期的主要病害,全国各地均有发生。

【发病症状】葡萄灰霉病主要为害葡萄的花序、幼果和成熟的果实,也可为害新梢、叶片、穗轴和果梗等。花序受害时,出现似热水烫过的水浸状、淡褐色病斑,很快变为黯褐色、软腐,天气干燥时,受害花序萎蔫干枯,极易脱落;空气潮湿时,受害花序及幼果上长出灰色霉层,即病菌的菌丝和子实体。穗轴和果梗被害,初形成褐色小斑块,后变为黑褐色病斑,逐渐环绕一周,引起果穗枯萎脱落。叶片得病,多从边缘和受伤部位开始,湿度大时,病斑扩展迅速,很快形成轮纹状、不规则大斑,以后果实腐烂。果穗受害,多在果实近成熟期,果梗、穗轴可同时被侵染,最后引起果穗腐烂,上面布满灰色霉层,并可形成黑色菌核。

【发病规律】灰霉病以菌核和分生孢子越冬,翌春春季温度回升,遇雨或湿度大时从菌核上萌发产生孢子,或是其他寄主的分生孢子借气流传播到花穗上,并借风雨大量传播蔓延。灰霉病的侵染有两个明显期:一是侵染多发生花期(5月下旬至6月上旬);二是果实着色期(7月下旬至8月中旬)。也有的是花期潜伏侵染,果实近成熟期发现症状。

发病轻重与空气湿度,伤口关系极为密切。天气潮湿或阴雨天,有利于发病。

【防治方法】

① 农业防治:要及时清除病叶、病果,并集中烧毁或深埋。

② 药物防治:花前和果实成熟期各喷1~2次杀菌剂,如喷50%多菌灵600~800倍液,或50%甲基托布津500~1000倍液,在花前也可喷50%多菌灵2000倍液或多抗霉素600~900倍液,防治效果较好。对于贮藏果实,除采收前喷杀菌药剂外,应在晴天采收,入窖前用50%扑海因或50%多菌灵800倍液处理果实。还可用1%~2%碘化钾溶液泡过的碘化纸包装,防病效果也很好。

(3) 葡萄白腐病:葡萄白腐病是为害葡萄果穗最重要的病害之一,特别是老葡萄园遇有阴雨连绵的年份,往往造成丰产不丰收的严重局面。北方产区发生较多,南方发生较少。

【发病症状】葡萄白腐病为害果穗、果粒、果梗、枝条及叶片。果穗的穗轴或小穗受侵染后变成浅褐色,水渍状腐烂,整个果穗或部分小穗脱落。果粒受侵,开始为淡褐色软腐,4～5 天后果粒上长出白色小点,为病菌分生孢子器,病果粒易脱落或失水干缩成僵果。落花不久的小幼果受侵后,小粒果成干枯状。

新梢受侵染,病斑初期为淡红褐色,沿新梢纵向发展,后期病部为灰褐色,其上密生灰白色的小粒点。病部表皮呈麻丝状剥离。叶片受侵染后,在叶边缘上产生较大病斑,呈水渍状、失水后其上有环纹,密生分生孢子器,病叶易破碎。

【发病规律】侵染特点是近地面果穗先发病,病菌在一个生长季节可多次再侵染,果实越接近成熟,抗病能力越差,病害越严重。

由于病菌几乎全部来自土壤,越接近地面的果穗受病菌侵染的机会越多,架下湿度大,通风透光差,利于发病;雨季越早,雨水越大,病害发生就越早,导致病害大流行;伤口多(雹伤、果粒裂果),杂草丛生,通风不良,雨露久湿不干,导致病害流行;土壤黏重,排水不良或地下水位高的潮地,病害严重;挂果量大,树势弱,葡萄霜霉病的严重发生,削弱树势,可诱发白腐病大发生。

【防治方法】

① 农业防治:生长季及时清除病果、病叶、病蔓;冬剪时彻底清扫果园,彻底清除落于地面的病穗、病果;剪除病蔓和病叶并集中烧毁。对于重病果园要进行土壤消毒,用硫磺粉 1 份,福美霜 1 份,石灰粉 2 份混合均匀每亩用 1.5～2 千克撒施,连用 2～3 次间隔 10 天或用开普顿 200 倍液进行地面喷洒消毒。

加强栽培管理,改良架形,提高坐果部位以减少发病。合理修剪、及时绑蔓摘心、适当疏叶,创造良好的通风透光条件,降低葡萄园田间湿度。果实硬核期后减少氮肥的施入量,增施磷钾复合肥,提高植株抗病能力。

② 药物防治:喷布保护剂,常用的保护剂有 78%科博可湿性

粉剂 600 倍液、50％多霉灵 600 倍液、50％甲基托布津 800 倍液、50％可湿性福美双 800 倍液。一旦发现有白腐病发生应及时喷8000 倍 40％福星、3500 倍 12.5％烯吐醇或 800 倍甲基托布津、1200 倍易保等药物。

(4) 葡萄炭疽病：葡萄炭疽病是我国葡萄的主要病害之一，主要为害接近成熟的果实，所以也称"晚腐病"。

【发病症状】近地面的果穗尖端果粒首先发病。果实受害后，先在果面产生针头大的褐色水渍状圆形小斑点，以后病斑逐渐扩大并凹陷，表面产生许多轮纹状排列的小黑点，即病菌的分生孢子盘，天气潮湿时涌出粉红色胶质的分生孢子团，这是其最明显的特征。严重时，病斑可以扩展到整个果面，后期感病时果粒软腐脱落，或逐渐失水干缩。果梗及穗轴发病，产生暗褐色长圆形的凹陷病斑，严重时使全穗果粒干枯或脱落。

【发病规律】病菌以菌丝在结果母枝一年生枝节上，病果、叶柄基部、叶痕及附近皮层处越冬。病菌在翌年 6～7 月间遇足够的雨水泡湿，1～2 天内就能产生孢子，成为初次侵染源。发病有中心株，呈伞状向下蔓延，流行极快，7 月上中旬雨水增多，开始发病，尤其果穗着色近成熟期特别易感病，感病后又产生大量孢子，反复侵染造成大流行。

【防治方法】

① 农业防治：秋季彻底清除架面上的病残枝、病穗和病果，并及时集中烧毁，消灭越冬菌源。在谢花后立即套袋。

② 药物防治：春季葡萄萌动前，喷洒 5 波美度的石硫合剂，铲除越冬病原体。6 月下旬至 7 月上旬开始，每隔 15 天喷 1 次药，共喷 3～4 次。常用药剂有 500～600 倍炭疽福美、75％百菌清500～800 倍液和 50％退菌特 600～800 倍液。每次喷药对结果母枝上都要仔细喷布，这是预防炭疽病发生的关键。一旦发现有炭疽病发生要及时喷布 1500～2000 倍霉能灵迅速进行治疗。

(5) 气灼病:气灼病是近年来在红地球等大粒葡萄品种上发现的一种生理性病害,而且由于气候的变化发病逐年增多加重,气灼病对果实生长影响很大,已严重影响到鲜食葡萄的生产和发展。

【发病症状】气灼病主要为害幼果期的绿色果粒,它和日灼病的最大区别在于日灼病果发病部位均在果穗的向阳面和日光直射的部位,大多在果穗肩部和向阳部位;但气灼病的发生无部位的特异性,几乎在果穗任何部位均可发病,甚至在棚架的遮阳面、果穗的阴面和果穗内部、下部果粒均可发病。初发病时,果面上呈现凹陷、失水,形成烫伤状,病斑最后成为干疤,使果粒皱缩,为害极大。

【发病规律】气灼病发病的外界诱因是高温,据观察当果园内气温急剧升至35℃时,尤其是晴天的中午极易形成气灼病。气灼病的发生也和土壤水分供给不良和地温突然升高,根系吸水受阻有直接的关系,因此,气灼病属于高温引起水分供应不足蒸腾受阻、果面局部温度过高而导致的生理病害。据观察,阴雨过后突然放晴的闷热天气,气灼病发生较为严重;同时套袋果在雨后天气突然放晴温度过高时也易发生气灼病。夏季修剪摘心和去除副梢过重时气灼病也较重。土壤黏重的果园发病也明显较重。果园种草或覆草的气灼病发病明显较轻,果园土壤有机质含量高的气灼病也较轻。

【防治方法】

① 农业防治:合理调控土壤水分,在幼果生长的早中期经常保持树盘内适中的水分供应,勿干勿涝,防止土壤水分急剧变化,尤其晴天中午不要进行灌溉;推行果园种草或覆盖,这样不但能有效地保持水土,还可减少地表热辐射,减少气灼病的发生;避过高温季节,适时进行套袋。同时尽量减少果穗上和果穗周围的病虫害和机械伤口等,均能有效防止气灼病的发生。

② 药物防治:对已发生气灼病和日灼病的果粒应在整理果穗时及时剪去,以防止继发白腐病、酸腐病等其他病害。目前对日灼

病、气灼病尚无有效的治疗药剂,勿乱用药剂进行治疗,以免造成更大的损失。

(6) 葡萄褐斑病:葡萄褐斑病又叫斑点病,仅为害叶片,可造成早期落叶,严重影响产量、品质和树势。在全国各地都有发生,多雨年份发病较重。

【发病症状】依病斑大小和病原菌不同分为大褐斑病和小褐斑病。大病斑为近圆或不规则形,直径 3~10 毫米,病斑中部为深褐色,边缘为褐色或黄褐色,病斑背面为黑褐色霉状物,为分生孢子梗和分生孢子。1 片叶可有数个到数十个病斑,严重时叶片干枯破裂,导致早期落叶。

小褐斑病的病斑近圆形或不规则形,直径 2~3 毫米,大小比较一致,病斑外部深褐色,中部颜色较浅,后期病斑背面生出灰黑色的霉层。

【发病规律】褐斑病病菌主要以菌丝体和分生孢子在落叶上越冬,翌年初夏产生新的分生孢子。分生孢子借风雨传播,到达叶面后由气孔侵入,发病常由植株下部叶片开始,逐渐向上蔓延。病菌侵入寄主后,经过一定时期,可以产生新的分生孢子,引起再侵染。雨水多、湿度大的年份发病重,肥力不足、管理差的果园发病较重。

【防治方法】

① 农业防治:秋后至初冬将枯枝落叶彻底清扫干净,集中烧毁或深埋;春季剥除老树皮烧毁;夏剪时及时疏除过密的副梢、老叶,铲除杂草,使果园通风透光。并要及时排水、降低湿度。增施有机肥和磷、钾肥,增强树势。

② 药物防治:落叶后至萌芽前喷布 3~5 波美度石硫合剂 1~2 次。5~6 月份结合防治其他病害、喷 1:0.5:200 波尔多液,连喷 2~3 次,以后每隔 10~12 天(南方降雨天多隔 5~7 天)喷 1 次。初发病喷 70%代森锰锌 800 倍液,或 65%代森锌 500 倍液,或 50%苯莱特 800~1000 倍液,均有较好效果。

(7) 葡萄卷叶病：葡萄卷叶病广泛分布于世界各葡萄产区，是一种世界性的重要葡萄病毒病。近年来我国北方部分葡萄产区，也普遍发生，为害严重。

【发病症状】葡萄卷叶病的症状依环境条件和一年中不同时间而变化。春季，病株症状不明显，但一般较健株小，出叶晚。8月份出现症状，特征是先从基部叶片开始，叶缘向下反卷，并逐渐向其他叶子扩展。反卷后的叶片变厚变脆，叶脉间出现坏死斑或叶片干枯，叶片在秋季正常变红之前就开始变成淡红色。随着秋季深入，病叶变成黯红色，仅叶脉仍为绿色。病株光合作用降低，果穗变小，果粒颜色变浅，含糖量降低，成熟晚，植株萎缩，根系发育不良，抗逆性减弱，冻害发生严重。

【发病规律】葡萄卷叶病可能是由复杂的病毒群侵染引起，其成员大多属黄化病毒组。目前，全球至少已检测出5种类型的黄化病毒组成员，定名为葡萄卷叶相关黄化病毒组Ⅰ型、Ⅱ型、Ⅲ型、Ⅳ型和Ⅴ型。葡萄卷叶病在果园内传播的报道很少，总的印象是本病扩散较慢。在昆虫媒介方面，有试验证明卷叶病与粉蚧的存在有关。有3种粉蚧（长尾粉蚧、无花果粉蚧和橘粉蚧）可以传播葡萄病毒A，长尾粉蚧还传播葡萄卷叶病毒Ⅲ型。卷叶病毒可通过感染的品种插条作长距离传播，特别是美洲葡萄砧木潜隐带毒。

【防治方法】

① 农业防治：可采用即时拔除病株和药剂控制粉蚧类传毒介体等方法，以防止该病蔓延。

② 药物防治：防治所用药剂为山东有害生物研究所研制，江苏苏科试验农药厂生产的36％植毒Ⅰ号粉剂。

Ⅰ. 灌根：时间在葡萄出土后，在距离根系20厘米处沿树体两侧开沟，沟深20厘米，然后将配制好的500倍药液灌于沟内，渗透后埋土。

Ⅱ. 喷洒：共喷洒2次。第一次时间为4月中旬葡萄芽眼开始萌动,第二次为 4 月下旬芽萌动达 90％以上,喷洒浓度 500 倍液。喷时喷头要用细喷片,距离葡萄枝条 20～30 厘米,仔细、均匀地喷透,不要漏掉一个芽眼。

用灌根＋喷洒 2 次的方法进行防治,矫治率近 100％,只喷洒两次而不灌根矫治率为 97％,但灌根成本偏高,所以在生产中可根据具体情况取舍。

(8) 葡萄根瘤蚜:葡萄根瘤蚜是葡萄上一种毁灭性的害虫,是国际和国内的主要检疫对象。

【发病症状】以成虫、若虫刺吸葡萄根和叶的汁液,在新生须根端部形成菱角形。似米粒大小的根瘤,粗根被害则形成较大肿瘤。雨季肿瘤常发生腐烂。叶部受害后,在叶背形成许多粒状虫瘿,叶萎缩,影响光合作用。美洲品种及以其为砧木嫁接的品种,根部和叶部均易受害。而欧亚品种主要是根部受害,叶部很少或未见形成虫瘿。

【发病规律】葡萄根瘤蚜,以若虫在葡萄主根和侧根上越冬,第二年春季开始活动,不需要交配就产卵,每年繁殖 5～6 代(在烟台为 7～8 代),主要为害根系,使根长出瘤状物,初鲜黄色,以后变褐色而腐烂。

葡萄被根瘤蚜为害后,轻者叶子变黄,果实变小,植株发育不良,树势衰弱,产量、质量下降,严重时全株枯死。被害程度与品种、土壤、树龄及栽培技术有密切关系。一般沙壤土不适宜根瘤蚜的生育和活动。

【防治方法】

① 对已有根瘤蚜园,根除受害植株即时烧毁,并对土壤灌入 50％抗蚜威 2000 倍液,或在病株周围挖 6 个注药孔,每孔灌二氯乙烷 150 毫升,然后盖上。

② 在花前或采果后用辛硫磷处理土壤,每亩用药 250 克。以 50％辛硫磷 0.5 千克均匀拌入 30 千克细土,傍晚将毒土埋入树根

附近,灭虫效果较好,但对地下水有污染。

(9) 葡萄红蜘蛛:葡萄红蜘蛛在我国葡萄产区普遍发生。

【发病症状】葡萄红蜘蛛主要为害葡萄,以幼虫、成虫先后在嫩梢基部,叶柄、叶片、果梗、果穗及主副梢上为害。叶片受害后,叶面呈现很多黑褐色斑点,为害严重时焦枯脱落,果穗受害后,果梗、穗轴呈黑色,组织变脆,极易折断,果粒前期受害,果面呈现铁锈色,果皮表面粗糙,有时龟裂,并影响果粒生长,果穗后期受害影响果实着色,使果实含糖量大减,严重影响着葡萄的产量和品质。由于受害叶片早期脱落和枝蔓直接受害,使枝蔓不能正常发育,造成枝条不能成熟,这不仅影响当年葡萄的产量和品质,也严重的影响第二年的生长和产量。

【发病规律】葡萄红蜘蛛1年发生6代以上,以雌虫在老皮缝内,叶腋以及松散的芽鳞绒毛内群集越冬,目前尚未发现雄虫。越冬雌虫在第二年4月中下旬出动,为害刚展叶的嫩芽,半个月左右开始产卵(4月底或5月初)全年以幼虫、若虫和成虫进行为害嫩芽基部、叶柄、叶片、穗柄、果梗、果实和副梢。10月底开始转移到叶柄基部和叶腋间,11月中旬完全隐蔽起来越冬。越冬后的雌虫大多停留在多绒毛的嫩梢基部为害。在叶片上虫体多集中在叶背的基部和叶脉两侧。成虫有拉丝习性,但丝量很少。幼虫有群体脱皮习性。一般葡萄产区7～8月份的温、湿度条件最适宜此螨的生长发育,卵期为3～8天,从卵孵化到成虫产卵仅需12～16天,故7～8月份繁殖很快,发生数量最多。

【防治方法】

① 葡萄出土上架后,用3波美度的石硫合剂加0.3％洗衣粉喷雾,效果非常显著。

② 6月底7月初一旦发现可喷0.3波美度石硫合剂效果很好。

③ 如果用敌百虫喷杀时,可用1000倍液连续喷2～3次即可消灭。

四、脱袋前后的管理

1. 摘袋前的管理

(1) 摘叶：可适当地分期分批摘除果穗附近部分老化叶片和架面上过密的枝蔓，以改善架面通风透光条件，促进果实着色。

(2) 去卷须：葡萄的卷须在自然情况下，有攀援其他物体，不使枝蔓匍匐生长于地面的作用。而在人工栽培条件下，易缠绕果穗和枝蔓，影响果穗和枝蔓的正常生长发育，修剪时也很不方便，所以，应及时除去。

(3) 催熟水：浆果上色至成熟期为提高浆果品质，增加果实的色、香、味、抑制营养生长，促进枝条成熟，此期应控制灌水，加强排水，若遇长期干旱，可少量灌水。

2. 摘袋方法

(1) 纸袋摘袋：对青色葡萄可以不解袋上色；红色、紫黑色、黑色品种要在采收前 10~15 天解袋。对纸袋质量好、透光度高、浆果在袋中着色很好的果穗，可在采收时解袋。一天中适宜除袋时间为上午 9 时至 11 时，下午 3 时至 5 时左右，上午除南侧的纸袋，一定要避开中午日光最强的时间，以免果实受日灼。摘袋时间过早或过晚都达不到套袋的预期效果，过早摘袋，果面颜色黯，光洁度差；过晚除袋，果面颜色淡，贮藏易褪色。为防止鸟、虫为害和空气污染，不要将果袋一次性摘除，可先将底部打开，使整个纸袋撑起呈伞状，待采收时再全部解开。

(2) 套玻璃纸袋的葡萄：需要上色时要把有玻璃纸一面转过来朝外，以便透光面上色。也可以根据上市时间自行调整袋子的方向控制葡萄成熟时间，达到分批上色，分批采摘。使用玻璃纸套袋的葡萄直接带袋采收、运输、销售。

五、采收与包装

1. 适时采收

套纸袋的葡萄摘袋后要停止喷施农药。

(1) 采收期的确定：鲜食品种主要是根据市场的需求决定采收时期。一般供应市场鲜食的浆果，要求色泽鲜艳，果穗、果粒整齐，糖酸比适宜，有香味，口感好。早熟品种为了提早供应市场，在八至九分成熟时即可采收。

贮藏用的鲜食品种，多为中晚熟和晚熟品种，在果实具有本品种果实的香味，有弹性，含糖量较高的完全成熟时采收，此时气温冷凉，有利于长期贮藏。果实的成熟度可根据色泽、硬度、含糖量等来判断，同一地区，果实色泽、含糖量基本上可反映品种的成熟度。总之，用于贮藏的葡萄成熟度愈高，糖分积累愈多，浆果冰点愈低，穗轴木栓化程度愈高，耐贮性愈强。

(2) 采收技术

① 采收时间：在晴天早晨露水干后开始到 10 点钟以前和下午气温凉爽后进行采收，切忌雨天、有露水及炎热的中午采收，否则浆果容易发病腐烂而不耐贮藏。

② 采收方法：采收人员用一手将葡萄穗梗拿住，一手持采果剪，在贴近果枝处将果穗剪下，然后轻轻放入果篮中，注意不要擦掉果粉，待果篮装到 2～3 层后，由分级人员及时按各级标准轻轻放入果箱之中。

葡萄采收工作，要突出"快、轻、准、稳"4 个字，"快"就是采收、剪除坏果粒、分级、装箱、包装入库、预冷等项都要迅速；"轻"是采收、装箱等项作业都要轻拿轻放，尽量不擦掉果粉，不碰伤果皮和不碰掉果粒;"准"是下剪位置、剪除坏果。分级、称重等都准确无误;"稳"是采收时拿稳果穗和分级装箱时将果穗放稳,运输、贮藏码果箱时一定垛稳、码实,不能倒垛。

2. 包装

包装是商品生产的重要环节。葡萄果实含水量高,果皮保护组织性能差,容易受到机械损伤和微生物侵染,包装可以减少病虫害的蔓延和水分蒸发,保持良好品质的稳定性,提高商品率和卫生质量。合理的包装有利于葡萄货品标准化,有利于仓贮工作机械化操作和减轻劳动强度,有利于充分利用仓贮空间和合理堆码。

(1)包装容器的要求:葡萄浆果是不耐挤压的果品,包装容器不宜过深,一般多采用小型木箱或纸箱包装,鲜食品种多用 2～5 千克的包装箱,箱内要有衬垫物或包装纸。有的用木板箱、塑料箱或具有本地特色的小包装。

(2)包装方法与要求:采后的葡萄应立即装箱,集中装箱时应在冷凉环境中进行,避免风吹、日晒和雨淋。装箱后葡萄在箱内应呈一致的排列形式,防止其在容器内滑动和相互碰撞,并使产品能通风透气,充分利用容器的空间。目前我国葡萄在箱内摆放大多采用两种方法:一种是整穗葡萄平放在箱内,还有一种是将穗梗朝下。采用双层或单层的包装箱。

要避免装箱过满或装箱过少造成损伤。装量过大时,葡萄相互挤压,过少时葡萄在运输过程中相互碰撞,因此,装量要适度。包装的重量:木板箱、塑料箱容量为 5～10 千克,纸箱容量为 1～5 千克。装箱时,果穗不宜放置过多、过厚,一般 1～2 层为宜。

已包装的葡萄,如果不立即销售,要尽快将葡萄贮藏。

3. 葡萄采收后的管理

(1)清园:采收后,将用过的废果袋、病虫枝条、病叶等集中烧毁或深埋,以减少果园初侵染菌源和虫源。

(2) 施基肥:基肥以农家有机肥(畜禽圈肥)为主,有时混合少量迟效的磷、钾化肥,施入葡萄树的根部(距根干 20～30 厘米)土壤中。基肥在果实采收后至土壤封冻前施入效果较好,适当早施有利有机质肥料的分解和根系伤口的愈合并能及早使根部恢复吸收养分的能力,提高树体的抗性,对第二年春季根系吸收养分、花芽继续分化和新梢生长,打下充足的营养物质基础。一般生产上每隔 1～2 年在定植沟一侧或两侧轮换扩沟深翻,施入基肥,沟深 0.8～1 米,宽 30 厘米左右,即一铁锹宽,每株施有机质肥量为 30～50 千克,然后灌水沉实封沟。有机肥含的营养物质全、肥效长,符合葡萄各个生育期的需要,尤其对我国西北、华北等地区的黏质土壤、砂荒地、盐碱地的改良效果非常明显。不但增加土壤有机质含量,而且还能调节土壤结构、酸碱度,促进团粒结构形成,对土壤中的肥、水、气、热协调有重要作用,促进根系生长活动。

(3) 采后水:葡萄浆果采收后,是树体积累贮藏营养时间,大部分营养回流到树干和根系,促进根系的第二次生长高峰,多余的营养就贮藏起来,对第二年的生长发育具有特殊意义,因此葡萄采收施基肥后应及时补充水分。

(4) 封冻水:防寒地区以葡萄枝蔓下架前 1 周,不防寒地区以土壤上冻前。为保证越冬期间土壤不过于干旱,需灌水 1 次,以渗透 40 厘米土层为指标。

(5) 合理冬剪:套袋葡萄的修剪,要求冬季修剪与夏季修剪相结合。冬季修剪的目的是剪除病虫残枝,合理留选结果母枝,以及对主、侧蔓进行更新,充分利用架面空间和光能,使树体结构合理,长期保持健壮的生长和良好的结实力。

① 结果母枝的保留:冬剪时选留的结果母枝要求空间布局合理,生长健壮,芽体饱满,无病虫害,其数量和剪留长度依据不同品种而定。一般生长势强的品种每平方米架面留 6～8 个结果母枝,

以中梢修剪(剪留4～7节)和长梢修剪(剪留8节以上)为主；生长势弱的品种每平方米架面留8～10个结果母枝，以中梢修剪和短梢修剪(剪留2～3节)为主。

②　结果母枝的更新：由于顶端优势的作用，结果部位会逐渐外移，为使结果枝位置相对固定，并在架面上均匀分布，必须做好结果母枝的更新工作。

Ⅰ.双枝更新：选2个相近的枝蔓作为一组，对稍靠近前端、生长健壮的枝，按中、长梢修剪，作为结果母枝；另一枝留2～3节按短梢修剪作为预备枝。第二年冬剪时去掉原来的结果母枝，预备枝留下两条枝蔓，继续进行一长一短修剪，循环往复。

Ⅱ.单枝更新：冬剪时对结果母枝采用中、长梢修剪，不留预备枝，到翌年发出几条结果枝，冬剪时再选基部发育良好的当年结果枝作为下一年的结果母枝，其余的全部去掉。

③　老蔓的更新：对前端已经表现出衰老的多年生枝蔓，及时在生长健壮的枝蔓处回缩；对架面或主蔓中下部的部分多余枝蔓，留1～2个芽剪截作为预备枝，培养成新的骨干枝或结果母枝，然后将衰老的多年生枝蔓从基部疏除。

第七章 柑橘类果实套袋技术

柑橘类果树，通常是指柑橘属、金柑属、枳属及其亲缘杂交种，其品种类型有数千个之多。生产上栽培的主要种类为甜橙（普通甜橙、脐橙、血橙、无酸甜橙等）、宽皮柑橘（蜜柑、椪柑、红橘等）、柚（玉环柚、四季抛、沙田柚、金兰柚、琯溪蜜柚、坪山柚、白柚、五布柚、梁平柚、金香柚、红蜜柚、葡萄柚等）、柠檬等。

柑橘类果实套袋后可防灼伤、裂果，减少了病虫伤疤，果面着色均匀，果面光洁鲜艳，明显改善外观。套袋完熟栽培还能明显提高果实的可溶性固形物和总糖含量，避免农药、粉尘和有害气体对果实的直接为害，是生产无公害柑橘的有效手段。但要注意通过配套综合措施促进果实后期着色，促进糖、酸等内含物的积累。

一、套袋前的树体管理

1. 园地选择

一般品质较差或管理差、郁闭的柑橘园不适应套袋，否则易出现套袋柑橘好看不好吃的情况。

2. 花前修剪

春季气温回升后，要进行花前修剪，可处理大枝。动剪迟早，可依情况而定，如大年树可在 2 月下旬开始，稳产树在 3 月中下旬开始，小年树可推迟到萌芽现蕾期进行。修剪时强枝适当多留花，弱枝少留或不留，有叶单花多留，无叶花少留或不留；抹除畸形花、

127

病虫花等。修剪下来的枝条应集中堆放,修剪完后运出园地。

3. 套袋前的病虫害防治

(1) 春梢萌芽前:可用 0.8~1.0 波美度石硫合剂、松碱合剂 8~10 倍液、95% 机油乳剂 80~100 倍液或 99% 绿颖 150~200 倍全园喷洒 1 次,防治红蜘蛛、锈壁虱、橘蚜、柑橘木虱等害虫。

(2) 萌芽至谢花前:可选用药剂 40% 战红乳油 2000 倍液、0.5% 甲氨基阿维菌素 5000 倍、20% 螨四嗪乳油 1500 倍液、15% 哒螨酮乳油 1500 倍液等,再防治 1 次。

4. 套袋前的肥、水管理

(1) 春肥(萌芽肥):在柑橘萌芽前 3~4 周,一般在 1 月下旬至 2 月上旬采用环状沟施、条沟施等方法施入(园地干旱的在早春雨来时施较好)。肥料种类以速效氮肥为主,配合磷、钾肥,以促进春梢抽发和花芽分化,氮磷钾施用量占全年施用量的 30%。速溶化肥应浅沟(穴)施,有微喷和滴灌设施的柑橘园,可进行液体施肥。

(2) 浇花前水:春梢萌动期是果树生长的重要时期,此时也是干旱季节,在土壤太过干燥(起裂缝)时需灌足水。

5. 激素保花保果

花期前后,喷 0.03%~0.05% 复合型稀土,减少落花落果。花前与花后,用适当浓度的"九二〇"直接喷花与幼果各 1 次;新梢旺,第 1 次坐果量少的,用适当浓度的"九二〇"涂果梗,花期前后还可用其他保果素及喷硼砂保花保果。

6. 合理疏果

套袋前人工疏果分两次进行。第一次在第一次生理落果后,只疏除小果、病虫果、畸形果、密弱果,注意果实分布均匀;第二次在生理落果结束后(5 中下旬进行),根据叶果比进行疏果。脐橙适宜叶果比为(50～60)∶1,普通甜橙为(40～50)∶1,早熟温州蜜柑为(30～35)∶1,中晚熟温州蜜柑为(20～25)∶1,碰柑为(60～70)∶1,柚为(200～300)∶1,弱树叶果比适度加大。

二、套袋技术

1. 果袋选择

我国生产果袋厂家繁多,按果袋材料可分为纸袋、塑料袋及无纺布袋等,按层次分为单层、双层、三层袋,按透光性分为透光袋、半透光袋和遮光袋,生产应根据质量标准和果树品种的要求合理选择袋型。需要的套袋最好在县级业务主管部门和正规厂家购进专用果袋,以利产销结合。

原则上对于成熟果实颜色为橙色、橙红色的柑橘品种最好选用遮光性弱的单层白色、黄色或者红色的袋,对于柠檬、柚类等成熟时果皮颜色为黄色的品种,用双层袋为好,如胡柚采用内层黑色的双层袋,柠檬采用外黄内黑的双层袋。在温、湿度都较高的地区,不宜选择塑料袋,以免发生日灼。果袋的规格可视其果实的大小,选择适宜的果袋。

2. 套袋时间

因时制宜,把握时机实施柑橘套袋,才能达到较好的效果。柑橘套袋宜在柑橘生理落果结束后的稳果期进行,这时的果数已基本稳定,具体时间以在 7 月下旬高温季节来临之前为好。过早则高温严重影响幼果发育,而且幼果表面易出现黄色斑点;过迟则果面网纹增多,甚至因高温强光照射发生日灼,导致外观品质变劣,商品性差。

套袋安排在上午 9 时或下午 4 时左右进行,尽量避免夜露未干、黄昏返潮和中午高温强光的影响。雨天、露水天不能套袋。

3. 套袋方法

(1) 套袋前的准备

① 套袋前喷药:套袋前全园喷 1～2 次防治红蜘蛛、锈壁虱、介壳虫、溃疡病等的农药,如甲基托布津、农用链霉素、速扑介、乐斯本、阿克西、洗柴合剂(洗衣粉和柴油混合液),严禁使用克螨特、波尔多液、水胺、氧乐果等铜制剂农药,以免果实出现花点。药液尽量喷满叶片正反面、果实表面、树冠内外。打药后的次日即可开始套袋,如套袋延迟在 1 周之后,须重新喷药。

② 果袋准备:套袋前将整捆果袋放于潮湿处,使之返潮、柔韧。

(2) 套袋方法:为了提高套袋效率,操作者可准备一围袋围于腰间放果袋,使果袋伸手可及。

套袋必须在晴天没有露水时进行,先把袋口撑开,托起袋底,让袋底通风排水口张开,将幼果套入袋内,袋口紧缚在着生果梗的枝梢上,收紧袋口,勿使袋口呈喇叭状,以免病虫进入和农药流入袋内污染果实,最后用袋子的铁丝捆紧袋口,袋口一定要封严,也不要过分用力,避免损伤果梗,影响幼果生长;套完后,用手往上轻轻托一下袋底,使全袋膨起来,两底角的出水气孔张开,让幼果悬空,不与袋壁贴附。

套袋顺序为先上后下,先内后外,上下、左右、内外均匀分布开。就 1 个果园或 1 株树而言,要套就全套,不能半套半留。如套袋面积大,时间过长,则需每隔 3 天左右喷药防治一块,套袋一块,否则易出现病虫袋内为害果实,这是柑橘套袋技术成败的关键。

三、套袋后的管理

1. 套袋后的检查

套袋后要随时进行检查,发现开口或破损要及时更换。

2. 套袋后的肥、水管理

(1) 及时追肥:在树冠滴水线处向外开挖放射状或半环状或环状施肥沟施入。也可将肥料均匀撒施在树冠之下,可利用雨天或灌水进行,也可撒后浇水。

① 稳果肥:4 月底 5 月初施 1 次稳果肥,以氮、磷肥为主,肥料种类以氮肥加钾肥为主,辅以磷肥,以提高坐果率。氮、钾肥施用量占全年施用量的 40%,磷肥施用量占全年的 20%～30%。

② 壮果肥:在 6 月底 7 月初施促梢壮果肥(柑橘专用复合肥为好),每株施优质复合肥和生菜枯各 1 千克左右以提高果实品质。

(2) 水分管理:柑橘的正常生理活动是在水分供应充足的条件下进行的。幼树缺少水分影响生长发育,土壤水分过多会造成根系腐烂,甚至死亡。因此及时、适时排灌是解决水分供应的主要措施。

① 灌溉:果实膨大期(7～10 月)对水分敏感,此期若发生干旱应及时灌溉,7～10 天后重灌 1 次。但长期干旱之后的灌溉1 次不能太猛,应先灌 1 次跑马水,慢慢再补充,以免造成大量裂果。

② 排水:在一些低洼园地,因雨水集中导致土壤积水的,应注意疏通沟渠,确保及时排除积水,避免发生烂根或地上部受抑制。

3. 夏季修剪

夏季修剪以抹芽、摘心、疏梢为主,也可对局部衰退枝进行处理。夏季修剪去叶量在15%以下为宜。

4. 及时中耕

中耕每年进行3～4次,一般在雨季晴天土壤水分较少时进行(雨水太多时锄地过多会阻碍土壤水分蒸发),深度20厘米左右,主要是翻压杂草绿肥。

柑橘园中一般不宜多用除草剂(特别忌用草甘磷),因为能杀草的药剂对果树也会产生副作用,特别是使用不当更会出现药害现象,面积较大的可用机械刈割。

5. 套袋后的病虫害防治

柑橘类是多年生常绿果树,病虫种类较多,一年四季都有发生和为害。在防治上要积极贯彻"预防为主、综合防治"的方针,以农业和物理防治为基础,生物防治为核心,按病虫害的发生规律,科学使用化学防治技术,有效控制病虫为害。

(1)疮痂病:柑橘疮痂病又称"癞头疤"、"麻壳"等,主要为害叶片、新梢和果实,尤其易侵染幼嫩组织。

【发病症状】

① 枝干:新梢发病,病斑周围突起现象不明显,枝梢与正常枝相比较为短小,有扭曲状。

② 叶片:发病初期产生油渍状小点,逐渐扩大,蜡黄色,木栓化。病斑多发生在叶背,斑较小,直径0.3～2.0毫米,向叶背突起呈圆锥状或瘤状,表面粗糙。叶正面病斑凹陷,病斑不穿透叶片,散生或连片,病害发生严重时叶片扭曲、畸形。

③ 花器:花瓣受害后很快就凋落。

④ 果实:花瓣落后不久幼果随即发病,症状与叶片相似,豌豆粒大的果实染病,呈茶褐色腐败而落果;幼果稍大时染病,果面密生茶褐色疮痂,常早期脱落;残留果发育不良,果小、皮厚、汁少,果面凹凸不平。近成熟果实染病,病斑小不明显。有的病果病部组织坏死,呈癣皮状脱落,下面组织木栓化,皮层变薄且易开裂。

【发病规律】橘类最易感病,柑类、柚类、柠檬次之,而甜橙类及金柑类较抗病。温度和湿度是本病发生、流行的决定因素,最适温度是 20～23℃,超过 24℃时停止发生。多雨季节发病严重。幼龄树发病重,老龄树发病轻。

【防治方法】

① 农业防治:结合冬季修剪,彻底清除园内病枝、病叶,减少病害初次侵染源。

② 药剂防治:在春梢抽发至长 1～2 毫米时喷第一次药,谢花 2/3 时喷第二次药。可选用的药剂有 80％大生 M-45 可湿性粉剂 800 倍液、50％多菌灵可湿性粉剂 500 倍液、80％新万生可湿性粉剂 800 倍液、77％可杀得可湿性粉剂 600 倍液、50％甲基托布津 500～600 倍液。

(2) 柑橘炭疽病:炭疽病是一种世界性病害,严重发生时常造成大量落叶、梢枯、僵果、枯蒂落果,树皮爆裂,导致树势衰弱,产量下降,整枝整株枯死。

【发病症状】此病主要为害叶片、枝梢、果柄和果实,亦为害主干、大枝、花及苗木。

① 叶片:叶上病斑多出现于叶缘或叶尖,呈圆形或不规则形,浅灰褐色,边缘褐色,病健部分界清晰。病斑上有同心轮纹排列的黑色小点。一般从叶尖开始并迅速向下扩展,初如开水烫伤状,淡青色或暗褐色,呈深浅交替的波纹状,边缘界线模糊,病斑正背两面产生众多的散乱排列的肉红色黏质小点,后期颜色变深黯,病叶易脱落。

② 枝梢:多自叶柄基部的腋芽处开始,病斑初为淡褐色,椭圆形,后扩大为梭形,灰白色,病健交界处有褐色边缘,其上有黑色小粒点。病部环绕枝梢 1 周后,病梢即自上而下枯死。嫩梢有时会出现急性型症状,状如开水烫伤,呈黯绿色,水渍状,3～5 天后凋萎变黑,上有朱红色小粒点。

③ 花朵:雌蕊柱头被侵染后,常出现褐色腐烂而落花。

④ 果实:幼果发病,初期为暗绿色不规则病斑,病部凹陷,其上有白色霉状物或朱红色小液点。后扩大至全果,成为变黑僵果挂在枝梢上。大果受害,有干疤型、泪痕型和软腐型 3 种症状。干疤型以在果腰部较多,圆形或近圆形,黄褐色或褐色,微下陷,呈革质状,发病组织不深入果皮下;泪痕型是在果皮表面有一条条如眼泪一样的,由许多红褐色小凸点组成的病斑;软腐型在贮藏期发生,一般从果蒂部开始,初期为淡褐色,以后变为褐色而腐烂。

⑤ 果梗:果梗受害,初期褪绿,呈淡黄色,其后变为褐色,干枯,果实随即脱落,也有的病果成僵果挂在树上。

【发病规律】病菌在病组织中越冬,高温多湿季节发生严重,病菌从伤口侵入,土壤黏重,排水不良,树冠荫蔽及偏施氮肥等有利发病。

【防治方法】

① 农业防治:开沟排水,增施有机肥,加强修剪。

② 药剂防治:可选用的药剂有 80％大生 M-45 可湿性粉剂800 倍液、50％退菌特 500～700 倍液、75％百菌清 500～700 倍液,或 80％炭福美 400～600 倍液。

(3) 树脂病:柑橘重要病害之一,因发病部位和时期不同而有多种名称,发生在树干上称为树脂病或烂脚病、褐腐病,发生在果实上称为蒂腐病,发生在叶片上称为沙皮病。

【发病症状】病菌侵染嫩叶和幼果后使叶表面和果皮产生许多深褐色小点,使表面粗糙似沙粒又称沙皮病。病菌侵染木质部流出黄褐色半透明胶液,逐渐干枯,皮层开裂木质部外露。

【发病规律】柑橘类树脂病是一种真菌性病害,该病菌主要以菌丝、分生孢子器和分生孢子在病枯枝、病树干或病树皮上越冬,次年 4～5 月多雨潮湿时,产生分生孢子,经风雨和昆虫传播,病菌萌发后通过伤口(冻伤、灼伤、虫伤等)在树体衰弱时侵入。因此,在冻害及管理不善的橘园,往往发生严重。

【防治方法】

① 农业防治:在秋季及采果前后及时增施肥料;平时注意施用叶面肥如硼肥、磷酸二氢钾、喷施宝等;及时防治蚧壳虫、粉虱、粉蚧、红蜘蛛、锈壁虱等害虫;做好树体的防冻、防旱、防涝工作,以增强树体自身的抗病力,减少病菌侵入的机会。

早春结合修剪,剪除病枝、枯枝,剪口涂保护剂,剪下的病枯枝集中烧毁。

② 药剂防治:发生树脂病的植株可在病部刻伤后用 1:4 食用碱水刷干,为害严重、病部皮层占 1/3 以上的应在病部下方锯开,伤口可用 50％多菌灵 100 倍液、50％或 70％托布津 100 倍液、农抗 120 的 5 倍液、抗菌剂 402 或硫酸铜 100 倍液、80％代森锌 100 倍液、食用碱水(1:4)、10％冰醋酸液等药剂进行消毒。

(4) 柑橘红蜘蛛:是目前柑橘上普遍发生的害虫之一。

【发病症状】红蜘蛛以口针刺破柑橘叶片、嫩枝及果实表面,吸取汁液。叶片受害后,轻则产生许多灰白色小点,严重时全叶呈灰白色,引起落叶,对树势和产量影响较大。

【发病规律】1 年可发生 12～20 代,有 2 个为害高峰期,第一次在 4～5 月为害春梢,第二次在 9～10 月为害秋梢。

【防治方法】重点是早春控治中心螨株,初夏控制为害高峰。

① 春梢萌芽前:可选用 1～2 波美度石硫合剂、松碱合剂 8～10 倍液、95％机油乳剂 80～100 倍液或 99％绿颖 150～200 倍全园喷洒 1 次。

② 萌芽至谢花前：可选用药剂 40％战红乳油 2000 倍液、0.5％甲氨基阿维菌素 5000 倍、20％螨四嗪乳油 1500 倍液、15％哒螨酮乳油 1500 倍液等。

(5) 锈壁虱：俗称麻柑、火烧柑。

【发病症状】为害后的病果呈紫红色或黑褐色，受害叶片的反面常能见到许多紫褐色网状斑。

【发病规律】1 年发生 18～24 代，温度 25～30℃繁殖最快。5～6 月蔓延至果上，7～9 月为害果实最甚。

【防治方法】当每叶或每果有虫 2～5 头时，进行药剂防治，防治方法同红蜘蛛。

(6) 矢尖蚧：矢尖蚧又名箭头介壳虫或箭形介壳虫。

【发病症状】以若虫或雌成虫为害叶片、果实、枝条，引起叶片枯黄脱落，严重时植株枯死；果实受害后呈黄绿色。

【发病规律】1 年发生 3 代，以受精雌成虫越冬，次年 5 月上中旬产卵，5 月中下旬开始孵化，第二、第三代成虫各于 9 月、11 月出现。橘园郁闭及温暖潮湿有利其发生。

【防治方法】

① 农业防治：合理修剪，剪除严重受害枝和郁闭枝，创造通风透光环境。

② 药剂防治：5 月中下旬至 6 月上旬重点防治第一代幼蚧，7 月上旬防治第二代幼蚧。主要药剂有 40％速扑杀 1000 倍液、黑刺蚧清 1000 倍液、蚧虫清 1000 倍液、40％乐斯本 1000 倍液或年丰 3000 倍液。

(7) 黑刺粉虱：黑刺粉虱又名橘刺粉虱。

【发病症状】叶片受害后出现黄色斑点，并诱发煤烟病。

【发病规律】1 年发生 4～5 代，世代重叠，以 2～3 龄若虫越冬。各代 1～2 龄若虫盛发期在 5～6 月、6 月下旬至 7 月中旬、8 月上旬至 9 月上旬和 10 月下旬至 12 月下旬。成虫羽化时喜欢

136

在树冠内阴暗潮湿处活动、产卵,尤其在幼嫩的枝叶上居多。

【防治方法】

① 农业防治:早春、初夏控制方法同红蜘蛛,但石硫合剂不在选用之列。

② 药剂防治:重点在若虫盛发期喷药,效果最好。应用药剂有黑刺蚧清 1000 倍液+大拇指 2000 倍液或乐斯本 1000 倍液+大拇指 2000 倍液。

(8) 橘蚜:为害柑橘的蚜虫的种类有橘蚜、橘二叉蚜、桃蚜、棉蚜等。

【发病症状】蚜虫的若、成虫群集在嫩芽、嫩梢、花蕾和花上吸食汁液,使叶片卷缩,新梢枯萎,花和幼果大量脱落,树势衰弱,产量降低。

【发病规律】1 年发生 10~20 代,以卵在树枝上越冬,3 月下旬至 4 月上旬孵化为无翅若蚜后上新梢为害。繁殖最适温度为 24~27℃,气温过高或过低,雨水过多均不利其生存和繁殖,故在晚春和早秋繁殖最盛,为害最烈。

【防治方法】新梢有蚜率达 25% 时即喷药防治,可选用药剂 10% 或 20% 吡虫啉可湿性粉剂 2000~3000 倍液、10% 丰源粉剂 2000~3000 倍液、20% 万紫可湿性粉剂 5000 倍液、25% 所值可湿性粉剂 6000 倍液、10% 蚜虱净粉剂 3000 倍液等。

(9) 柑橘木虱:嫩梢期的一种重要害虫。

【发病症状】成虫在叶和嫩芽上吸食;若虫群集嫩梢、幼叶和新芽上吸食为害,被害嫩梢幼芽干枯萎缩,新叶畸形扭曲。更重要的是该虫是柑橘黄龙病的传毒虫媒。

【发病规律】1 年发生 6~7 代,以成虫在寄主叶背越冬,在暖冬年份少量老熟若虫也可越冬,各个虫态全年可见,世代重叠。3 月至 4 月上旬开始产卵,4 月下旬为产卵高峰期;夏梢上产卵高峰期在 5 月下旬、6 月下旬及 7 月中、下旬;秋梢上产卵高峰期为

137

8 月中旬至 9 月上旬。越冬代成虫寿命可达半年以上。成虫在叶背及嫩叶上取食。

【防治方法】新梢抽发芽长约 5 厘米时及时喷药。可选用 10%或 20%吡虫啉可湿性粉剂 2000～3000 倍液、20%万紫可湿性粉剂 5000 倍液、25%所值可湿性粉剂 6000 倍液、10%丰源粉剂 2500～3000 倍液、40.7%毒死蜱乳油 1200 倍液等药剂交替使用。

(10) 潜叶蛾: 又名画图虫,主要为害秋梢,严重时秋梢嫩叶受害 100%。

【发病症状】初孵幼虫潜入取食,形成银白色弯弯曲曲的虫道,使叶片卷曲、脱落,新梢生长差,树势衰弱。

【发病规律】1 年 10 余代,世代重叠。成虫略具趋光性。多在清晨羽化交尾,晚间产卵。孵化后,幼虫即潜入叶片表皮下蛀食。高温多雨发生多,为害重。7～9 月为害夏、秋梢最甚。

【防治方法】

① 农业防治:在冬季修剪时,彻底剪除晚秋梢、冬梢,降低虫口基数;抹芽控梢,适时放梢,打断幼虫的食物链,是防治潜叶蛾最有效的措施。成年树抹去 5 月下旬至 7 月下旬间发的梢,后集中放梢。

② 药剂防治:7～9 月是防治潜叶蛾的最佳时期。当多数新梢长到 0.5～2.5 厘米时,第一次用药,以后间隔 7～10 天喷第二次,连续 2～3 次。可选用 2.5%溴氰菊酯 3000 倍液、10%氯氰菊酯 4000 倍液、2.5%功夫 4000 倍液、20%速灭杀丁 2500～3000 倍液。

(11) 花蕾蛆: 又名橘蕾瘿蝇。

【发病症状】成虫将卵产入花蕾中,幼虫孵出后食害花器,使花蕾变成黄白色、花瓣变厚变短而不能开放。

【发病规律】1 年 1 代,以老熟幼虫结茧在土中越冬。柑橘现花蕾时成虫羽化出土,刚出土成虫先在地面爬行至适当位置后白天蛰伏于地面,夜间活动和产卵。花蕾直径 2～3 毫米时为其产卵盛期。卵产在子房周围,幼虫食害花器使花瓣变厚,形成灯笼样花蕾。阴雨有利成虫出土和幼虫入土。

【防治方法】花蕾露白、成虫尚未出土时,地面喷洒 80％敌敌畏乳油 100 倍液;在成虫羽化初期产卵之前用 50％辛硫磷乳油 500～800 倍液、或 75％灭蝇胺乳油 5000～7500 倍液、或 80％敌敌畏乳油 800 倍液、或 40.7％毒死蜱乳油 1200 倍液等喷洒树冠,每隔 5～7 天喷 1 次,连喷 2～3 次;谢花时,幼虫即将入土,在地面施药以及摘除被害花蕾。

(12) 卷叶蛾:以拟小黄卷叶蛾和褐带长卷叶蛾两种为害为主。

【发病症状】为害新梢、嫩叶、花、果实,幼虫常将 4～5 片叶连在一起取食,也可钻入果内引起落果。

【发病规律】拟小黄卷叶蛾 1 年发生 6 代,以幼虫或蛹在卷叶内过冬,次年 4 月中下旬羽化,卵块常产在叶背面;褐带长卷叶蛾 1 年可发生 4 代,以幼虫在卷叶、枯叶或叠叶中过冬,次年 4～5 月开始为害嫩叶、嫩梢和幼果,9 月以后为害成熟果;成虫清晨羽化,傍晚交尾,卵块多于夜间产在叶片上。

【防治方法】选用 10％或 20％吡虫啉可湿性粉剂 2000～3000 倍液、或 80％敌敌畏乳油 800 倍液、或 40.7％毒死蜱乳油 1200 倍液、或 90％晶体敌百虫 800～1000 倍液、或 3％啶虫脒乳油 1000～2000 倍液等药在谢花期、幼果期或新梢期卵孵化 50％左右时喷 1～2 次。也可用黑色荧光灯或糖酒醋液(红糖 1 份,黄酒 2 份,醋 1 份,水 4 份)诱杀成虫。

四、脱袋前后的管理

1. 摘袋方法

摘袋根据品种要求,确定摘袋时间,摘袋时先松袋放风 2～

4 天再摘除,脐橙和柚子一般提前 20 天摘袋,以加速果面色泽的转化,使其果面色泽鲜艳。

2. 摘袋后的管理

(1) 摘袋后,对果面连续定向喷施 2～3 次柑橘增甜素(该品内含农用稀土、硫酸钾、硼肥等),每隔 10～15 天喷 1 次,以利果实增甜着色。

(2) 摘袋后,轻微干旱可不灌水,特大干旱才灌水。但采前半月内应停止灌水,或采取措施避水(如地面覆盖薄膜),以免贪青晚熟、果实不耐贮藏。

(3) 采前 20 天树上喷施 70%甲基托布津 1000 倍或 40%百可得或 45%扑霉灵 1500～2000 倍、地面喷施 77%多宁 800 倍等药剂进行保护,可以减少病菌初侵染。

五、采收与包装

1. 适时采收

(1) 采收期的确定:鲜销果在果实正常成熟,表现出本品种固有的品质特征(色泽、香味、风味和口感等)时采收。

柑橘果实采收过早,其固有的品质特性未表现出来,并且易抽生晚秋梢,影响树体营养;采收过迟,树体营养消耗大,影响第 2 年结果,其果实也不耐贮运。

柑橘果实成熟的标志是果汁增多,果汁中含酸量减少,含糖量增加,果皮及果肉着色,组织变软,果皮芳香物形成,油胞充实,蜡质增厚等。因此,需用作贮藏或外运(远销)的果实,在其成熟着色一半(绿黄色)时就应采摘。否则,采摘过绿,贮运后果实色、味不好;采摘过黄(熟),不耐贮藏,贮运后果味会变淡。

柑橘的完熟采收是指果实达到成熟阶段时不予采收，而将果实继续留在树上，用塑料薄膜覆盖树体待果实达到完熟阶段（果实外观、内质均达到最优状态）才采摘的一种栽培管理新技术。近年来在柑橘主产区推行此法，取得了显著的成效。完熟采收能满足消费者对高档鲜果的消费需求，是柑橘高品质化栽培的有益补充，是拉长鲜果供应期的重要举措。

下面列举几种完熟采收的例子：

①　早熟温州蜜柑：如兴津、宫川等，要求糖度能达 13 度以上，果实颜色为金黄色，果实横径为 60～75 毫米，采摘期由 10 月份变为 12 月下旬至次年的元月上旬，主供元旦节期市场。

②　迟熟温州蜜柑：如大叶尾张、南柑 20 号、今村温州等，要求糖度达到 14 度以上，果实颜色为金黄色，果实横径为 60～75 毫米，采摘期由 11 月份变为次年 1 月下旬至 2 月上中旬采收上市，主供春节节期市场。

③　脐橙：如纽荷尔、7904 脐橙、红肉脐橙等，要求糖度达到 14 度以上，有香气，果实颜色为橙红色，果实横径为 75～85 毫米，采摘时期由 12 月上旬变为次年 2 月上中旬至 2 月下旬，主供春节节期市场。

④　冰糖橙：要求糖度达到 16 度以上，果实颜色为橙黄色，果实横径为 65～75 毫米，采摘期由 11 月中旬变为次年 1 月下旬至 2 月中旬，主供春节节期市场。

⑤　无核椪柑：要求糖度达到 13 度以上，果实颜色为橙黄色或橙红色，果实横径为 60～75 毫米，采摘期由 11 月下旬变为次年 1 月下旬至 2 月中旬，主供春节节期市场。

⑥　杂柑类：天草、寿柑、不知火等，要求糖度达到 16 度以上，果实颜色为金黄色或橙红色，果实横径为 75～85 毫米，采摘期由 12 月变为次年 2～4 月间分批采收。

（2）采前准备

① 采前对当年的产量进行科学的预测，且制订可行的采果计划，合理安排劳力。

② 准备好相应的采收用具（采果剪、采果篓、装果篓、采果梯等）。

（3）采收方法：柑橘果实成熟不一致，应分批采收，采黄留青。采时，一手托果，一手持采果剪，以"一果两剪"法（第一剪先剪离果蒂 3～4 毫米处，第二剪齐果蒂把果柄剪去。如技术熟练，也可一果一剪等）采收。采时不可拉枝、拉果。采下的果应轻轻放入采果篓。采收的基本原则是保留果梗以减少机械损伤。采收同时应剔除病虫果、畸形果、机械损伤果。采下的果实应及时轻装轻运到贮藏场所，及时预冷、发汗、贮藏处理，不可日晒雨淋。

采收时应注意如下事项：

① 选择适宜的天气。大风天气不采，雨天不采，果面露水未干不采。如在晴天大太阳下进行，则果温高，促进呼吸作用，降低贮运品质。如在雨露天进行，则果面水分过多，容易使病虫滋生。所以最好在温度较低的晴天露水干以后进行采收。

② 采果人员忌喝酒以免乙醇熏果更不耐贮运。

③ 采果人员指甲应剪平，最好戴手套操作。

④ 采果时实行两剪下树，剪口平滑，果柄部擦脸不划脸，以免果实相互刺伤，严禁强拉硬扯果实，拉脱果蒂的果实或拉松果蒂的果实容易发生腐烂。采果时要按照由下而上，由外到内的顺序采果。

⑤ 采收后的果实，应避免日晒雨淋，贮藏用果实不得在露天堆放过夜。

⑥ 容器内应平滑并衬软垫，一般以硬纸箱、木箱、塑料箱作包装箱，每箱 10～20 千克包装贮运为宜。

（4）初选：为了提高果实的分级质量和便于果实的贮藏运输，

分级前,宜在果园进行初选。

果实采下后,先在果园内进行初选,将病虫、畸形、过小和受机械损伤的果实拣出。以减少精选分级的工作量,剔出的各种等外果要及时处理,减少损失。初选最好在采果时进行,边采果边初选,以减少果实倒动次数,防止造成磕、碰、摔伤,为贮藏、运输打下良好基础。

(5) 转果运输:应使用周转箱转果,以减少转运过程损伤。贮藏果的关键要做到不伤细胞、不伤果。只有最完整的果实,才具有最大抗病菌侵害能力和最正常的生命活动过程。因此在果实转运时最好用塑料周转箱装果。同时轻拿轻放、轻装轻卸,尽量避免造成机械伤口,减少病菌侵染机会。

2. 采后处理

(1) 及时浸果:柑橘贮藏过程中常见的病害主要有青霉病、绿霉病、黑腐病、蒂腐病、炭疽病、酸腐病 6 大病害,其中发生量最大、为害最严重的是酸腐病,尤其是多雨的情况下,酸腐病可能大发生,务必引起高度重视。

① 浸果时间:一般情况下,需在采后 24 小时内浸果。最好的方法是"边采收边浸果",尤其是在多雨潮湿的天气下,可减少传染的几率。

② 浸果方法:将柑橘浸入配制好的防腐保鲜药液中 1 分钟左右,取出晾干即可。

③ 浸果配方:目前,每浸果 5000 千克的参考配方如下:

Ⅰ.45％百可得 50 克＋扑霉灵 50 毫升＋2,4-D 20 克,兑水 75 千克。

Ⅱ.45％百可得 50 克＋万利得(戴唑霉)50 毫升＋2,4-D 15 克,兑水 75 千克。

Ⅲ.45％施保克 50 毫升＋2,4-D 15 克,兑水 75 千克。

Ⅳ. 特克多 75 克＋2,4-D 20 克,兑水 75 千克。

Ⅴ. 绿色南方 150 克＋2,4-D 20 克,兑水 75 千克。

Ⅵ. 戴唑霉 75 克＋维鲜 375 毫升＋2,4-D 15 克,兑水 75 千克。

注意:2,4-D 浓度视柑橘着色度,着色好浓度可高,着色差则浓度一定要低。

把用上述药剂浸过的果实,置于通风干燥、阴凉的室内进行预贮。

(2) 预贮:经防腐处理的柑橘要放在通风、阴凉的室内进行预贮,一般预贮 3～5 天,以果皮充分晾干、果实失重 3％～5％为度。可采用地面堆放、箩筐、周转箱堆放,也可手捏果实稍微变软且有弹性为标准。地面堆放时先将消毒后的贮藏室内铺上厚 5 厘米左右的干净稻草,然后将浸药后的果实堆放在稻草上,并保持室内通风良好,堆放厚度以不超过 50 厘米为宜。

(3) 套袋:为降低腐烂率和防止果实枯水,预贮后的柑橘可用聚乙烯薄膜袋单果包装贮藏,套袋时,要剔出伤果、病虫果、畸形果。按果实大小进行分级之后进行贮藏,也可裸果贮藏,贮果用具可用木条箱、竹筐或藤篓等。

3. 柑橘贮藏

柑橘的贮藏主要分常温贮藏、低温贮藏,可根据条件自行选择。

4. 果实采收后的管理

(1) 做好清园、保叶工作:采果后要及早喷药杀灭病虫,烧毁病虫枝叶;浅松土。对叶片颜色淡黄的树,温州蜜柑、橙类于采收后按产品说明迅速喷 2,4-D 钠盐 1 次,减少叶柄产生离层而脱落。

(2) 深翻扩穴:深翻扩穴一般在秋梢停长后进行,从树冠外围滴水线处开始,逐年向外扩展 0.4～0.5 米。回填时混以绿肥、秸秆或经腐熟的人畜粪尿、堆肥、厩肥、饼肥等,表土放在底层,心土放在表层,然后对穴内灌足水分。

(3) 施基肥:一般在 11～12 月份进行。有水浇可晚一些施,靠下雨获取水分的山地要早些进行(最后一场雨下过,土壤还保持潮湿时最好)。具体是隔年、错开从树冠滴水线处向外开挖放射状或半环状或环状施肥沟,挖时注意不要截断大根。施肥量也要根据树龄及其长势增减。

① 施肥种类:首先,要求有机肥料与无机肥料配合施用。应以有机肥为主,化肥为辅,单施有机肥或单施化肥均不理想。因为单施有机肥虽然肥效长、肥料成分完全,施用后能改变土壤结构,增进土壤通气、透水性能,有机质分解出来的腐殖酸有吸附铵、钾、镁、钙、铁等离子的能力,从而减少化肥的流失,有增产幅度大、不易出现大小年、果实风味好且着色鲜艳、耐贮性好的效果。但是有机肥肥效缓慢,在枝梢旺盛生长和果实迅速膨大期,常不能满足其需要。单独施用化学肥料,虽然肥效迅速,但容易提早脱肥,且易造成土壤结构破坏,从而导致果树生长发育不良。

其次,要求氮、磷、钾等营养元素平衡施用。应使用多元素复合肥和测土配方施肥,以求稳定肥力,健壮树势,提高产量和品质。另外,重酸性土每隔 3～5 年施 1 次石灰(亩施石灰 175 千克左右),以维护土壤中各类矿质营养的动态平衡,中和酸性,保证柑橘有一个赖以正常生长发育的根际环境。

② 施肥方法:在树冠滴水线处向外开挖放射状或半环状或环状施肥沟施入基肥。

③ 施肥量:幼树以氮肥为主,酌施磷、钾肥。1～3 年生树一般每株树施尿素 0.25～0.5 千克,磷肥、硫酸钾各 150～375 克。进入结果前一年应控制氮肥,增施磷、钾肥。亩施尿素 22～27 千克,磷肥 30～45 千克,硫酸钾 43～54 千克。以后逐年增加施用量。

目前成年树施肥量的确定主要是通过对当地丰产园施肥量的调查进行统计、分析和在当地做田间施肥试验这两种方式制定切合当地实际的施肥标准。亩产 2000～2500 千克橘园,秋施猪牛粪 500～625 千克、饼肥 37～50 千克、尿素 5～6 千克、过磷酸钙 10～12 千克。

(4) 合理冬剪:冬季修剪一般在采果后至春季萌芽前进行,采果后只进行例行修剪,以短截、回缩为主,最大去叶量为 20%～25%。

① 幼树期:以轻剪为主。选定类中央干延长枝和各主枝、副主枝延长枝后,对其进行中度至重度短截,并以短截程度和剪口芽方向调节各主枝之间生长势的平衡。轻剪其余枝梢,避免过多的疏剪和重短截。除对过密枝群作适当疏删外,内膛枝和树冠中下部较弱的枝梢一般均应保留。

② 初结果期:继续选择和短截处理各级骨干枝、延长枝,抹除夏梢,促发健壮秋梢。对过长的营养枝留 8～10 片叶及时摘心,回缩或短截结果后枝组。抽生较多夏、秋梢营养枝时,可采用"三三制"处理:即短截 1/3 长势较强的,疏去 1/3 衰弱的,保留 1/3 长势中庸的。秋季对旺长树采用环割、断根、控水等促花措施。

③ 盛果期:及时回缩结果枝组、落花落果枝组和衰退枝组。剪除枯枝、病虫枝。对较拥挤的骨干枝适当疏剪开出"天窗",将光线引入内膛。对当年抽生的夏、秋梢营养枝,通过短截其中部分枝梢或"三三制"处理调节翌年产量,防止大小年结果。花量较大时适量疏花或疏果。对无叶枝组,在重疏基础上,对大部分或全部枝梢短截处理。

④ 衰老更新期:应减少花量,甚至舍弃全部产量以恢复树势。在回缩衰弱枝组的基础上,疏除密弱枝群,短截所有夏、秋梢营养枝和有叶结果枝。极衰弱植株在萌芽前对侧枝或主枝进行回缩处理。衰老树经更新修剪后促发的夏、秋梢应进行短强、留中、去弱

的"三三制"处理。

⑤ 小老树:修剪宜轻,以短剪为主,对新梢尽量保留。新梢及时摘心,并做好肥水及病虫防治等管理。

⑥ 有大、小现象的柑橘树:"小年"冬季修剪量要较"大年"重。一要剪除树冠交叉枝、重叠枝;二要回缩封行枝、株间交叉枝;三要进行压顶开天窗,看准之后在树冠顶部对大枝进行回缩开天窗;四要将绿叶层上下重叠枝、左右交叉枝、过密枝进行疏剪,过长的弱枝进行短截,短截数量不宜过多,树冠各个部位要均匀分布一些,增加下年(大年)营养梢量。

依此坚持2～3年即可克服"大小年"结果。以后按照丰产、稳产树进行正常管理。

第八章 芒果套袋技术

芒果套袋可以防止病菌的感染、传播，以及昆虫等侵害果实；可以防止空气有害物质、酸雨污染果实及强光照灼伤果实表皮，减少果实与其他物质相互摩擦损伤果面，改善着色、增加果皮腊质，提高果面的光洁度及光泽；可以减少喷药（农药）次数，避免农药与果实接触，降低农药残留量，生产符合无公害、绿色食品标准的优质芒果。

一、套袋前的树体管理

1. 树体选择

要选择产量稳定、生产健壮的芒果树进行套袋。

2. 花期修剪

去除过多花序，保持 10％末级枝无花，每梢一个花序，如抽出多个花序应在 5～6 厘米时疏去。开花不足 50％的树，抹除花果附近春梢，其余保留 1 条春梢，2～3 片叶摘心，对夏梢全部抹除。开花坐果期只能疏剪不能短截。

3. 花期病虫害防治

芒果花穗约 3 厘米时用 75％科能、多菌灵喷施 1 次，防治花穗期炭疽病的感染；始花期应喷施 25％科惠、25％三唑酮乳油防治花穗白粉病。始花期至谢花期重点应用吡虫啉、莫比朗等防治蚜虫、蓟马、毒蛾等。谢花后注意防治炭疽病对幼果的为害，可用翠贝、25%咪鲜胺进行防治。药剂注意轮换使用，病虫害防治可结合进行，减少喷药次数。

4. 套袋前的肥、水管理

(1) 追芽前肥：花芽分化前后分别喷 0.3%硼砂＋0.1%硫酸锌、0.2%尿素＋0.2%磷酸二氢钾＋0.2%硼砂和 0.2%氯化钙＋50 毫克/升钼酸铵进行叶面追肥。

盛花期、末花期各喷 1 次 50 毫克/千克赤霉素＋0.1%硼砂＋0.3%磷酸二氢钾，及时摘除新梢，并喷 2 次 30 毫克/千克萘乙酸液，7～10 天喷 1 次。谢花后约 15 天、30 天各喷 1 次 0.2%氯化钙溶液，采果前 20～40 天喷 1～2 次 0.6%氯化钙溶液，以保花保果。

(2) 浇花前水：花穗生长期、开花期发生干旱时，需适量灌水，每 7～10 天 1 次，灌水量以淋湿根系主要分布层（10～50 厘米）为限。

5. 合理疏果

第二次生理落果结束时，即幼果有蚕豆大小时疏果 1 次。小果型品种少留，每穗 3～4 个；大果型品种多留，每穗 4～5 个。

套袋前进行定果，留果原则是壮树可多留一部分果子，中庸树少留。小果型品种每穗留 1～2 个，大果型品种每穗留 2～3 个。

疏果后须喷 1 次杀菌剂保护伤口。

二、套袋技术

1. 果袋选择

不同芒果品种因果实大小不同所使用的果袋规格也不同。金煌芒用外黄内黑双层专用袋,规格为 36 厘米×22 厘米;紫花芒用黄色或白色单层专用袋或外黄内黑双层专用袋,规格为 27 厘米×18 厘米;台农一号用外黄内黑双层或外黄内红双层专用袋,规格为 26 厘米×18 厘米;桂热 10 号用外黄内黑双层专用袋,规格为 32 厘米×18 厘米;其他品种根据具体情况选择。

2. 套袋时期

套袋时间一般是在坐果基本稳定后,即第二次生理落果结束,果实生长发育到鸡蛋大小时为宜。太早套袋,以后的空袋多,浪费人力物力,套袋太晚则失去效果。果皮为红色的芒果品种与普通品种不同,爱文在采收前 30～50 天进行,利于果实着色;金煌芒可提早套袋处理,果实表面会较细致光滑,且有良好的果粉产生,也可在采前 45 天套袋;凯特品种为晚熟种,若提早套袋会引起果实外表着色不良,因此可稍晚套袋以利果实着色。

3. 套袋方法

(1) 套袋前的准备

① 套袋前喷药:果实套袋前应喷药。可用 1∶1∶100 波尔多液或 800 倍施保克、或 500 倍大生等杀菌剂喷施,果面干后套袋,要求当天喷药当天套完。对一些价格好的礼品果,如金煌芒、凯特、百优-1 号等品种最好能进行单果浸药后套袋。

② 套袋前先将整捆果袋放在潮湿处,让它们返潮、柔韧,以便

于使用。

（2）套袋方法：套袋应选在晴天进行，选正常果进行套袋，套袋前先将套袋果实上杂物清除，套袋时先将纸袋撑开，并用手将底部打一下，使之膨胀起来，然后，用左手两指夹着果柄，右手拿着纸袋，将幼果套入袋内，袋口按顺序向中部折叠，最后弯折封口铁丝，将袋口绑紧于果柄的上部，使果实在袋内悬空，防止袋纸贴近果皮造成摩伤或日灼。

绑袋口时一定要注意，不可把袋口绑成喇叭状，以免害虫入袋和过多的药液流入袋内污染果面。套袋时要防止幼果果柄发生机械损伤，果袋要求底部的漏水孔朝下，以免雨水注入袋内漏不出去沤坏果实或引起袋内霉变。

三、套袋后的管理

1. 套袋后定期检查

套袋后要随时进行田间检查，发现开口或破损要及时更换。

2. 套袋后的肥、水管理

芒果果实膨大期正值雨季，可结合降雨施肥 1 次，以钾肥为主，辅施磷肥及钙肥，每株根据留果量多少施用复合肥 1.5～2 千克，穴施或沟施后覆土。遇降大雨或连续降雨时注重排水。

结合喷药喷 0.2%～0.3%磷酸二氢钾或其他叶面肥2～3 次。

3. 搭架支果

对部分下垂果枝须用竹木搭架支果，确保果实的采光合理。

4. 中耕除草

雨后天晴时及时清理树盘。对树盘进行浅中耕,清除树盘及果园内杂草,保持果园整洁,减少病虫滋生环境。

5. 夏季修剪

主要是剪除枯枝、弱枝和病虫枝。

6. 套袋后的病虫害防治

芒果套袋后,果实虽然有纸袋的保护,但是叶片仍然面临着病和虫的为害,而叶片是树体光合作用的重要器官,是果实营养的主要来源,因此树体的管理也不能放松。常见病虫害主要有炭疽病、白粉病、黑斑病、溃疡病、角斑病、疮痂病、横线尾蛾、扁喙叶蝉、芒果橘小实蝇、瘿蚊等。

防治病虫害提倡采用农业防治、生物防治、物理防治方法,合理使用高效、低毒、低残留量化学农药,限制使用中等毒性农药,禁用高毒、高残留的化学农药。

(1) 炭疽病:芒果炭疽病是芒果生产中发生最普遍、为害性最大的一种病害。

【发病症状】芒果炭疽病可为害叶、枝梢、花穗和果实。

① 叶片:嫩叶最易受害,最初出现黑褐色、圆形、多角形或不定形水渍状的小斑点,逐渐扩大或由几个小斑互相连结成大的枯死斑,病部易破裂或脱落穿孔。成长叶片,病斑多为圆形或多角形,潮湿时长出黑褐色小粒点。

② 枝梢:嫩梢受侵染后出现淡黑色下陷病斑,以后发展成灰褐色斑块,病斑若环绕嫩茎1周,可使病部以上的枝条枯死。潮湿时,病部长出许多初为橘红色后转为黑褐色的小粒点,此即病菌的分生孢子盘。

152

③ 花穗:花梗和小花可受侵染,小花受浸染后花瓣变黑褐色腐烂,常引起大量小花凋萎变黑脱落。

④ 果实:幼果受侵染后不立即表现症状,病菌潜伏在果皮内暂不活动,待果实渐趋成熟,于果实采收前或采收后才陆续出现症状,开始时果实外部出现近圆形黑色小斑点,后扩大,多个病斑合并成不规则形黑色凹陷的大斑,在潮湿的情况下,病斑上亦长出橘红色黏稠状物及黑色小点。

【发病规律】病菌以菌丝体在受侵染的枝条,或以菌丝体、分生孢子盘在受侵染的枯枝、落叶、烂果等病残组织上越冬。次年春天 3~4 月雨季,越冬的病菌产生分生孢子,通过风雨或昆虫传播进行初侵染。生长季节可以不断产生新的分生孢子进行多次的再侵染。

高温、多雨、雾重、闷热潮湿的天气最适宜于炭疽病的发生。果园管理不善,植株长势衰弱,植株组织幼嫩,虫伤、机械伤多,发病都较重。不同品种对炭疽病的抗性有明显差异,紫花芒、桂香芒、串芒、粤西一号、红象牙芒等品种都感病,湛江吕宋芒、云南象牙芒则较抗病。

【防治方法】芒果炭疽病无论在采前或采后都是一种重要的芒果病害,因此防治此病必须要采取果园防病与采后处理相结合的措施,方能取得较好的防治效果。

① 农业防治:包括种植较抗病品种;适当密植;疏除内膛枝、重叠枝、交叉枝、老弱枝,改善芒果生长的环境条件;清园卫生及时清除枯枝、病叶及清理地面上枯枝、落果。

② 药物防治:在新梢期、花穗期及幼果期要喷药防治。有效药剂有 1∶1∶160 波尔多液,或 50%多菌灵可湿性粉剂 500~600倍液,或 70%甲基托布津可湿性粉剂 800~1000 倍液,或 75%百菌清可湿性粉剂 500~600 倍。药剂要交替使用。

采后处理措施包括剪果在靠近蒂基 0.3 厘米把果剪下;用

2‰漂白粉溶液或流水洗去果面杂质;剔除病、虫、伤、劣果;采用29℃的50%施保功可湿性粉剂1000倍液浸果2分钟,或52℃的45%特克多胶悬剂1000倍液浸果6分钟;按级分别用白纸单果包装。

(2) 白粉病:白粉病是芒果花期的一种重要病害,为害花序、幼果及嫩叶。

【发病症状】芒果白粉病主要为害花序及嫩叶,也会为害果实,其症状基本相同:在被害的器官上初出现一些分散的白粉状小斑块,后逐渐扩大并相互联合形成一片白色粉状霉层,霉层下的组织逐渐变褐坏死。

【发病规律】芒果白粉病以菌丝体在受侵染的较老叶片及枝条组织内越冬。第二年春天环境条件适宜时,越冬菌丝体产生分生孢子,通过气流传播进行侵染。温度是影响芒果白粉病发生的主要因素,当月平均温度在21~22℃时,最适于白粉病的发生。湿度影响较小,当相对湿度70%左右时有利于病害发生,但在干旱条件下同样发病严重。施氮肥过多,枝叶组织柔软,易感染白粉病。紫花芒、桂香芒、秋芒、粤西1号等品种较感病。

【防治方法】

① 农业防治:种植抗病品种;增施有机肥和磷钾肥,控制过量施用化学氮肥。

② 药剂防治:要从开花初期开始喷药,每隔15~20天喷1次。有效药剂有20%粉锈灵乳油3000倍液,或15%粉锈灵可湿性粉剂3000~4000倍液,或40%多硫胶悬剂350~500倍液等。要注意硫剂在温度过高时不宜使用,以免发生药害。

(3) 黑斑病:此病在我国广东、云南、广西、福建等省均有发生,严重发病时引起落叶、落果。

【发病症状】芒果细菌性黑斑病主要为害叶片、枝条和幼果。受害叶片最初在叶面出现油渍状小黑点,其扩展受叶脉限制而呈黑褐色多角形小斑,发病严重时,几个小斑汇合成不规则大斑,周围有晕圈,叶中脉变黑,局部裂开,老病斑最后转为灰白色。嫩枝受侵染,病部明显褪色并纵向开裂,渗出胶液变成黑斑。果柄受害,组织坏死引致落果。幼果受害出现黯绿色斑块,周围有油渍状晕圈,后期果肉变黑褐色,潮湿时病部溢出菌脓,严重的引致大量落叶和落果。

【发病规律】病原细菌在受侵染的枝梢或病残组织上越冬。次年春季在温湿度适宜的条件下,病部溢出细菌脓,通过雨水或昆虫传播,从寄主的自然孔口或伤口侵入。初侵染发病后病部又溢出菌脓,经传播,不断进行再侵染。此病全年均可发生,高温、多雨、潮湿常发病严重,引起大量落叶。发病较重的品种有紫花芒、串芒、十号芒、四号芒等。

【防治方法】

① 农业防治:搞好清园,减少初侵染菌源,收果后结合修剪,剪除病枝叶并把地面上的病枝、病叶、落果收集烧毁。在发病季节,随时注意剪除病枝、病叶。

② 药剂防治:在嫩梢和幼果期要喷药保护嫩梢、幼果。药剂有 1% 波尔多液,或 40% 氧氯化铜悬浮剂 500 倍液,或农用链霉素 2000～3000 倍液。要特别密切注意天气预报,台风暴雨前后要喷药保护和防治。

(4) 芒果疮痂病:由芒果痂圆孢引起的病害,主要为害植株的嫩叶和幼果,引起幼嫩组织扭曲、畸形,严重时引起落叶和落果。

【发病症状】主要为害果实、幼嫩新梢,叶片亦可受害。被害患部均呈木栓化粗糙稍隆起的疮痂斑。果面初现黑褐色木栓化稍隆起小斑,后病斑密生并连合成斑块,斑面粗糙,中央凹陷或呈星状开裂,严重时果皮龟裂。重病新叶可呈变形扭曲,易早落;被害新梢皮层粗糙或开裂或成枯梢。潮湿时患部现灰白霉点。

【发病规律】病菌以菌丝体和分孢盘在病株及遗落土中的病

残体上存活越冬,以分生孢子借风雨传播进行初侵与再侵。病害远距离传播则主要通过带病种苗的调运,种子也有传病可能。温暖多雨的年份较多发病,特别是日夜温差大而又高湿的天气有利病害发生。近成熟的果易感病,苗木的幼叶枝梢较成年结果树的多发病。

【防治方法】

① 农业防治:冬季结合栽培要求进行修剪,彻底清除病叶、病枝梢,清扫残枝、落叶、落果集中烧毁,并加强肥水管理。

② 药剂防治:在嫩梢及花穗期开始喷药,约 7～10 天喷 1 次,共喷 2～3 次;坐果后每隔 3～4 周喷一次。药剂可选用 1：1：160 波尔多液,或 50%克菌丹可湿性粉剂 500～600 倍液,或 70%代森锰锌可湿性粉剂 500 倍液。

(5) 横线尾蛾:是世界性害虫,在我国主要分布在广东、广西、云南、四川、福建、海南、台湾等芒果产区。

【发病症状】该虫以幼虫蛀食芒果的嫩梢和花穗,严重影响幼树生长和结果树的产量。嫩梢被害后会枯死;花序被害轻者引起花序顶部丛生,严重者花序全部枯死,影响果树的正常生长发育。

【发病规律】每年发生 7～8 代,世代重叠,以蛹在树皮以及枯枝叶上越冬,早春在条件适宜时进行羽化。成虫有昼伏夜出的习性,交尾后将卵散产于嫩梢、幼叶或花穗上。老熟幼虫在芒果的枯枝、树皮、周围土壤或其他昆虫的虫壳及天牛粪便等处吐丝封口化蛹。

【防治方法】

① 农业防治:增强树势,合理施肥灌水,提高树体抵抗力。结合修剪,将枯枝、朽木,及落叶进行清除,减少越冬虫源;刮除粗皮,减少合适的化蛹场所。

② 药剂防治:根据发病情况选用 90%敌百虫,或 50%磷胺,或 50%杀螟松 800～1000 倍液等药剂喷雾,每周 1 次,连续进行 2～3 次即可。

(6) 扁喙叶蝉: 主要为害嫩梢、嫩叶、花穗和幼果等。

【发病症状】成、若虫为害忙果树花穗、嫩梢及幼叶,严重时使其干枯脱落,影响生势及结果;雌成虫在花芽、花梗、叶芽、嫩梢及幼叶叶片主脉上产卵,亦使这些部位干枯,此虫尚分泌蜜露,诱发烟煤病发生,致使枝、叶及果实表面呈污黑色,影响植株生势及果的品质。

【发病规律】年发生 8～10 代,世代重叠。成、若虫喜择芒果树幼嫩部位在其上长时间取食。

【防治方法】

① 农业防治:合理修枝,使果园通风透光,减少虫口基数。

② 药剂防治:在春季芒果树花芽初显至开放时喷药 2～3 次,以后在坐果期、6～7 月及冬季各喷药 1 次,药剂可选用 20% 异丙威或 80% 敌敌畏 2000 倍液,20% 氰戊菊酯或 2.5% 溴氰菊酯 4000 倍液。

(7) 芒果橘小实蝇: 又称橘小实蝇、芒果秀实蝇、果蛆、黄苍蝇等。

【发病症状】成虫卵产在将近成熟的果实表皮内,孵化后幼虫取食果肉,引起裂果、烂果、落果。被害果面完好,细看有虫孔,手按有汁液流出,切开果实多以腐烂,且有许多蛆虫,不堪食用。

【发病规律】1 年发生 3～5 代,世代重叠,无明显越冬现象。成虫集中在中午羽化后,在夏季约 20 天、秋季 25～60 天、冬季3～4 个月才交配产卵,卵产于果皮下。幼虫孵化后,即在果内为害。幼虫老熟即离果入土 3～4 厘米深处化蛹。

【防治方法】

① 农业防治:冬季或早春期间,翻耕园土,减少冬期虫口基数;收集有虫害的落果,集中销毁;适时采集果实,减少为害。

② 药剂防治:成虫盛发期,夜间用拟除虫菊酯类农药 2000 倍液或 90% 敌百虫 800 倍液喷洒树冠;成虫产卵盛期前,用 90% 敌

百虫 800 倍液加 3%～5%的红糖喷洒树冠浓密处,7 天 1 次,连喷 3 次;将浸过甲基丁香粉加 3%溴磷溶液的蔗渣纤维方块(57 毫米×10 毫米),在成虫发生期悬挂在树上,每平方公里悬挂 50 块,每月挂 2 次。

(8) 芒果叶瘿蚊:以幼虫为害嫩叶、嫩梢、叶柄和主脉。

【发病症状】初孵幼虫咬破嫩叶表皮,钻进叶肉取食。叶片被害部位呈浅黄色斑点,渐变为灰白色,最后变为黑褐色,并穿孔。被害严重的叶片呈不规则的网状破裂,以至枯萎脱落。

【发病规律】叶瘿蚊以蛹在土中越冬,羽化出土成虫当晚开始交尾。次日雌虫产卵于嫩叶背面,卵散产。在叶中为害的幼虫老熟时咬破叶表皮,爬出叶面弹跳或随早晨露水落地,沿土壤缝隙进入土内化蛹。幼虫怕干旱或强烈阳光。

【防治方法】

① 农业防治:及时清园,结合修剪,以保持果园内树冠通风透光。及时除草,适时松土,以破坏叶瘿蚊滋生、繁殖及化蛹场所。同时注意合理施肥,科学用水,促进新梢抽发整齐,生长健壮,以减轻为害。

② 药剂防治:在新梢抽出期,用 20%杀灭菊酯乳油、2.5%敌杀死乳油 2000～3000 倍液喷新梢及树冠,每次梢期喷 2～3 次。

7. 灾害性天气防御及灾后处理

(1)台风后,芒果树干被风吹斜,根茎处形成空洞,及时用土填满并压实。不要扶正树体,以免造成根系再次损伤。

(2)冬春有寒潮的地区,宜增施有机肥及钾肥。寒害后及时剪除受伤枝条及花序,并施速效氮肥。

四、 脱袋前后的管理

1. 摘袋前的管理

(1) 采果前施肥：采果前 7 天，每株施氮磷钾（15∶15∶15）复合肥 0.5～1 千克，尿素 0.25～0.5 千克。

(2) 收获前 1 个月：应停止使用植物生产调节剂。

(3) 修剪：剪除部分影响果实采光的枝叶，剪除病虫枯枝、病虫果、畸形果，并集中烧毁或消毒深埋。

2. 摘袋方法

芒果进入果实采收期，中、晚熟种要在果实采收前 7～10 天去除果袋晾果，去袋时间以上午 9—11 时和下午 4—6 时为宜，或选择阴天去袋，防止高温和强光照灼伤果皮。

去袋时手不能接触果实，去袋后及时将果袋清出果园集中烧毁，并及时清理平整树盘后，在树下铺设一层银色反光膜，增加果实着色。

五、 采收与包装

1. 适时采收

芒果采收成熟度应根据销售市场远近及贮藏期间长短而定，远销芒果一般以七、八成熟为宜。采收应分期分批，成熟早的先采，成熟晚的后采。

(1) 采收成熟度判断：成熟度的确定可结合果实的外观、发育期、可溶性固形物等来判断。果实停止增大，饱满、充实、果肩圆

159

厚。果皮由青绿色转暗绿色或深绿色,有果粉出现;果肉由白色转黄色,种壳变硬,纤维明显。果实放入清水中下沉或半下沉。贮运外销的鲜果,有 20%～30% 的果实完全下沉。本地销售的鲜果,有 50%～60% 果实下沉或半下沉时采收,加工果汁、果酱的,待大部果实充分成熟后采收。

(2)采收时间:应在晴天上午露水干后或阴天进行,不宜在烈日中午,雨天或雨后采收。

(3)采收方法:采收前必须提前一天准备好采收用具,并对所用的工具进行消毒,如用百菌清喷雾处理。所用枝剪在采收期也必须每天都进行消毒处理。

采收时最好戴手套进行单果采收,边采收边包装。采收时每果进行两剪,先从果柄长 3 厘米处剪下果子,然后再剪去果柄 2 厘米长的部分,每果留果柄 0.5～1 厘米。

采收后果实不要堆放在烈日下暴晒,应放在阴凉处,尽快运到加工厂进行处理。

2. 果实商品化处理

(1)挑选:挑选时,应剔除病果、虫果、腐烂果、裂果、未成熟、过熟果、机械损伤果及其他缺陷果。

(2)分级:芒果分为优等品、一等品和二等品三个等次,根据要求进行分级。

(3)产品包装、标志与储运:内包装可用干净、柔软、无菌的白纸或厚 0.14 毫米的聚氯乙烯薄膜袋单果包装。外包装可根据市场要求,选用纸箱、塑料箱包装。并贴上标签,标签上标明品种、级别、重量、产地、生产日期等。然后放入冷库贮存或直接运到市场进行销售(距离远的市场应通过冷链运输车进行运输)。低温储运时,未经催熟的生果储运温度不得低于 13℃,催熟后的果实适宜贮藏温度为 5～8℃,相对湿度 85%～90%。

3. 采果后的管理

(1) 清园：主要是清除园内杂草，修筑台地，果园深翻改土，树干涂白和利用冬闲时间积造有机肥料。

(2) 施基肥：结合深翻改土每株施优质农家肥 20～30 千克，钙镁磷肥 0.5～1 千克，钾肥 0.25～0.5 千克，石灰 0.5～1 千克。施肥后遇旱应灌水，施肥采用沟施、撒施均可。在山地果园，应开沟施肥。

(3) 采果后的病虫害防治：采果后重点防治炭疽病、角斑病、叶斑病和蚧壳虫、切叶象甲、叶瘿蚊、横线尾夜蛾、刺蛾等病虫害。可选用炭科十果茂、多抗霉素＋速补或乐健、氢氧化铜（单独使用）防病，阿维毒、比杀力、高氯、啶虫咪等药剂防虫，每隔 10 天喷农药一次，连喷 2～3 次。进入冬季可用石硫合剂（单独使用）或梧宇霉素＋杀扑磷清园 2～3 次。

(4) 合理秋剪：秋季修剪宜在采果后短期内完成，当年没有结果的植株可提前进行。

① 初结果树的修剪：抹除末花期和幼果期抽生的早夏梢；抽穗不足 60% 的植株，适当疏除部分旺长的春梢，尤其花枝附近的嫩梢，壮枝、旺枝上留一枝弱枝；采果后剪除陡长枝、竞争枝、影响主枝生长的辅养枝等。

② 成年树的修剪：采果后的修剪方法以短截结果母枝为主，并适当剪除过密枝、过多主枝，调整树冠永久性骨干枝的数量和着生角度，使其分布均匀，回缩冠间和冠内的交叉枝，剪去重叠枝，下垂枝、错乱枝和病虫枝。在小年或结果不多的过旺树，可在结果初期疏去部分枝条、削弱营养生长、增加树冠的通风透光，可起到防止落果的作用，还可减轻采果后的修剪量。

③ 老树更新

Ⅰ. 更新对象：树龄大，枝条衰老，产量下降，枝条易枯死，且

161

枯死部分逐年下移,内膛空虚,并开始出现更新枝,或因天牛等病虫害,导致枝枯叶落,露出残桩的芒果树。

Ⅱ.轮换更新:在同一株树上对 4～8 年生枝条进行分批回缩,更新时间在春、秋季,对密闭、衰老的果园采取隔行或隔株回缩。

Ⅲ.主枝更新:对衰老的植株在 3～5 级枝上进行回缩。切口用泥或塑料薄膜封闭,并将枝干涂白,在更新前用利铲切断与主枝更新部位相对应的根系,并挖深沟施有机肥。更新时间在每年 3～9 月。

Ⅳ.主干更新:在主干 50～100 厘米处锯断。

Ⅴ.高接换种:芒果高接换种方法主要有培养新枝高接法、采后多头切接法、大枝截干切接法、低位高接法和轮换高接法等 5 种。各种高接换种方法各有利弊,生产上可视不同条件和目的采用不同的高接换种方法。其中培养新枝高接法和采后多头切接法使高接植株树冠矮化、紧凑,树冠结构好,产量提高较快,适于推广应用;而轮换高接法使树冠结构紊乱,且不便管理,不宜推广应用。

第九章　香蕉套袋技术

对香蕉果实进行套袋可以防止病虫害,明显改善果实外观,减少农药残留,减少施用化学农药的次数,使果品更安全,达到无公害、绿色果品要求;可增加果品的硬度,使果品更耐储藏;增加产量,提高固形物含量;可提早供应市场,也可推迟收获期。由于套袋技术改善果实风味,极大地提高果品质量,经济效益也相应提高。

根据香蕉植株形态特征及经济性状,我国习惯将它们分为香蕉、大蕉和粉蕉(包括龙牙蕉)3种。

一、套袋前的树体管理

1. 蕉园选地

香蕉是热带果树,喜高温、怕霜冻。因此,宜选择地势开阔,空气流通,冻害较轻的地区种植。在沿海地区,要注意防风,宜选择背风或有防护林的园地。虽然香蕉对土壤的要求不严,但若要获得高产,应选择土层深厚,土质疏松,排灌方便,地下水位较低的土地。为了防止病害的感染传播,前作是黄瓜、番茄、辣椒、烟草等的土地不宜直接种植香蕉,更不能在蕉园中间种上述作物,以防感染香蕉花叶心腐病和束顶病。

另外,地势过低,地下水位过高,排水不良;水源不足;土质过干黏重且易板结的土壤,或保水保肥力差的沙质土不宜建立蕉园。

2. 蕉园规划

(1) 道路：香蕉生产过程中，为了便于运输，小型果园必须有可通三轮车或拖拉机的路，大型果园必须有可通大、中型卡车的路。

(2) 排灌：香蕉耐旱性和耐涝性都很差，因此应建好蕉园的排灌系统。蕉园四周应设置总排灌沟，园内应设置纵沟，并与畦沟相通，以便于排水和灌水。

(3) 防护林：常风较大的地区应营造防护林，以改善园地环境条件，减少因常风过大而撕裂香蕉叶片，利于香蕉生长。一般30～50亩为一林段，防护林可选用小叶桉等速生乔木树种，种植株行距为1米×2米。

3. 整地

香蕉是肉质根系，在疏松深厚的土壤可伸长至几米，同时香蕉既需充足的水分供给，又怕渍水沤根。因此，要获得香蕉高产、稳产，必须根据建园土地状况，采取不同方式进行深耕细作。

(1) 水田蕉园：一般水田蕉园地势较低，地下水位较高，土壤易渍水，香蕉易受涝害。因此，水田蕉园宜采用高畦深沟、双行种植的栽培方式，以降低地下水位，利于香蕉正常生长与发育。所以要求起畦后畦面宽3.5～4米，畦沟面宽0.8～1米，地下水位降至50厘米以下，畦长约50～100米。畦面行间也可酌情再挖一条小浅沟。一定要设置总排水沟，做到涝能排，旱能灌。

(2) 旱田蕉园：旱田蕉园是指坡地水田蕉园，其地下水位较低，排灌方便，但多数土层较薄，土壤较瘦。整地时要深耕土壤后起浅畦，通常采用单行种植，起畦后沟深、沟宽各30厘米，畦长80～100米，并设置二级排灌沟，以利于雨天排水。

(3) 旱地蕉园：旱地蕉园是指不能自流灌溉的丘陵坡地蕉园，

一般靠抽水或提水灌溉。整地时要注意搞好水土保持和蓄水引提水工程,重视土壤改良。坡地较大的蕉园可使种植低陷,即采用浅沟种植的方式,浅沟面 80 厘米,深 10～15 厘米;有条件的应修筑水平梯田。在平缓坡地砂壤土植蕉可暂行不起畦,定植后再起浅畦,砂性较强的也可以用浅沟种植。浅沟种植有便于灌溉、培土等特点。

4. 种植时期与方法

因为种春夏蕉遇到冻害损失很大,种秋植蕉遇台风损失可能性也高。因此,香蕉种植应以减灾、避灾栽培和市场需求来考虑植期。从近年香蕉市场的动向,蕉价以春夏收(3～6 月)最好,其次是秋收(9～11 月,即国庆和中秋节前后)。炎热的晚夏和早秋与寒冷的冬季,北运(需要降温或保温)较为困难,蕉价低。因此,植期春植以 3 月下旬至 4 月下旬,秋植蕉以 9 月中旬至 10 月中旬为宜。各地可根据小气候特点灵活安排植期,以期减少灾害损失,又能在高价期收获,取得最好的经济收益。

(1) 种植规格:水田起畦的按每畦种两行,行距 2 米,株距 1.7 米,亩植 170 株;坡地蕉园单行种植,行距 2.3 米,株距 1.7 米,亩植 170 株或行距 2.2 米,株距 1.65 米,亩植 182 株。

(2) 挖穴施足基肥:挖穴方式有人工挖穴和机械挖穴两种。水田蕉园一般采用人工挖穴,人工挖穴时要求表土放于同一边,心土放在另一边,以便于回土。而在旱田、旱地蕉园如面积达 50 亩以上建议采用机械挖穴以提高效率、降低成本。水、旱田蕉园的植穴规格一般为面宽 50 厘米,穴深 30～40 厘米;旱地蕉园植穴可稍大,其规格一般为面宽 60～70 厘米,穴深 40～50 厘米,底宽 50～60 厘米。每穴施土杂肥 15～20 千克,过磷酸钙 100～150 克,复合肥 100～150 克,填入部分表土与肥料充分拌匀,再在上面覆加约 15 厘米厚的表土。

(3) 种植天气: 应尽量选阴凉天气进行定植,在晴天定植应在下午 4 时后或傍晚进行。应避免在高温干旱天气定植,如定植后遇高温干旱天气,可临时用带叶的树枝等材料插在植株周围;并加强淋水,提高定植成活率,缩短缓苗期。

(4) 种植方法: 种前应把蕉苗按大小进行分级,以使蕉苗生长一致,便于管理和收获期统一。定植时将香蕉育苗袋剥开,轻轻放在穴里,培土至蕉苗茎上 1 厘米处,用手稍压实,淋透定根水。有条件的尽量用稻草、蔗叶、山草复盖蕉头,这可防止土壤板结和减少水分蒸发,有利于蕉株生长。

5. 蕉园管理

(1) 前期管理: 植后至花芽分化(新抽叶片 16 片左右)为前期管理阶段,此阶段蕉苗较为幼嫩,在管理上必须细心以促进蕉苗生长快而健壮,根系发达。

① 巡查苗:第一次巡查苗是在种植完后的第二天,发现有漏种的要及时补种。浇水后歪斜的植株要扶正压实,营养土露出土面的植株要回土压紧,种植过浅的可重种。以后每隔 10 天巡查一次,大雨过后也要巡查,巡查时发现被水冲埋的蕉苗要及时清土或补种,植穴中淹水或行沟积水必须排除,对排水不舒畅的地方要挖沟排水,行沟冲毁要修复,必要时加沙袋阻拦行沟,避免水土流失。巡查蕉园的另一个目的是及早地发现病虫害和弱小苗。

② 挖除病株:结合巡查苗同时进行,及时挖除带病毒植株和劣变株。劣变株是香蕉种苗在组织培养过程中产生的,常表现为植株矮化,叶子厚圆或宽度变窄,叶缘波浪状有缺口,劣变株抽出的果畸形无商品价值,生产上常将其挖除以节省管理费用。

③ 补苗:在小苗阶段,由于死苗或挖除劣变株造成缺苗的,必须及时补种,有弱苗可在距离植株 20～30 厘米补种以保证齐苗。

④ 追施促苗肥:植后第二个月,开沟施尿素 50 克/株,钾肥

50 克/株。第三个月,开沟施尿素 100 克/株,穴施饼肥 300 克/株。第四个月,结合灌水,撒施复合肥 100 克/株,钾肥 100 克/株。在 3 个月内,弱苗可多施 1～2 次,使蕉苗长势整齐。第六个月(南部地区植后第五个月中旬),就开始花芽分化,这是决定果指数、果梳数的时期,要施重肥 2～3 次。均可采用结合灌水撒肥的办法,每隔 20 天施 1 次。第一次,钾肥 200 克/株;第二次,撒施复合肥 150 克/株和穴施饼肥 200 克/株;第三次,复合肥和钾肥各施150 克/株。

⑤ 排灌:香蕉前期植株较小,根系浅生、易受旱,对积水又特别敏感。因此生产上必须加强排灌工作,植后经常灌溉,保持土壤湿润,蕉园土壤含水量保持在田间持水量的 65%～70%为宜,如气温过高,应选择在早晚灌水。遇下雨积水,应修好排水沟,及时排除园内积水。

⑥ 除草:香蕉前期阶段,地面裸露面积较大,易滋生杂草,既与蕉苗争水争肥,又易滋生病虫害,因此要特别重视前期的除草工作,特别是蕉苗周围应保持无杂草状态。植后 1 个月内,松土 3～5 次,松土主要在滴水线外松土(15 厘米以上)。植后 2 个月后,靠近蕉苗的地方人工除草,行间可用小型机械或牛工翻耕除草,不用或少用除草剂。

⑦ 蕉头培土:蕉头露出地面要及时培土,随着植株长大和球茎的形成,容易发生浮头现象,在生产上应防止浮头现象发生,一发现蕉苗露头,就要及时培土,培土以根系不露蕉头不露为好,培土结合施肥和修畦沟进行。

(2) 中期管理:香蕉开始花芽分化至现蕾为中期管理,此阶段香蕉营养生长最旺盛,生长速度最快,生长量最大,抽叶最多,植株叶面积迅速增大,并且进行花芽分化和孕蕾。这一时期的水肥供应等条件是决定将来香蕉果梳数和果指数多少的关键时期,也是需要养分最多的时期。因此管理上务必以水肥管理为中心,以保证植株迅速生长所需要的水分和养分,促进香蕉生长和发育。以利壮杆、壮穗。同时此时期也不能放松除芽、除草工作。

① 肥、水管理:根据植株长势,一般在抽蕾前施 1 次尿素(50 克/株)和钾肥(150 克/株),断蕾后再施 1 次复合肥(100 克/株)和钾肥(100 克/株)。

香蕉抽蕾前后是需水量最大的时期,关系到果穗顺利抽出和发育。一旦缺水,果轴缩短,果指短小,上弯不正常,果穗形状不好,收购价低。在夏秋季无雨天,每 3～5 天需要喷水 30～90 分钟。风大、干燥、空气湿度低,水量需要适当增加。如果灌溉的水量无法满足香蕉生长的需要,可以采用覆盖地膜、稻草、干蔗叶或香蕉组织等,减少土壤水分蒸发。

② 除芽:香蕉进入花芽分化期,吸芽不断抽生,与母株争夺养分。若不及时清除,会影响花芽形成,因此要及时除芽,当吸芽长到 15 厘米左右用蕉锄或镰刀及时除去。除芽不能伤及母株球茎。目前有一种除芽剂,用少量点在芽头上。几天后,吸芽弯曲不再伸长,很脆易断,省时省力,可试用。

③ 除草:采用人工除草或小型机械除草,在净风条件下可适当采用化学除草,保持蕉园干净。

④ 病虫害防治:根据植株生产情况,全面喷施 1～2 次敌力脱 1500 倍液或必扑尔 2000 倍液,并加入乐果 1000 倍和敌百虫 1000 倍的混合液,控制病虫发生。

⑤ 及时排灌:水田蕉注意排水,旱地蕉及时灌水,晴天 7～10 天灌 1 次,保持蕉园湿润。

(3) 后期管理:从香蕉现蕾至收获为后期管理阶段,应保护好根系,使叶片不早衰,这是夺取高产、优质的保证。

① 蕉蕾与断蕾:蕉蕾抽出后,有些刚好落在叶柄上而不能下垂。如果任其下去,蕉蕾将会压断叶柄,突然往下垂而折断,造成损失。遇到这种情况,要轻轻地把蕉蕾移出叶柄外,让其慢慢自然

下垂。

当蕉蕾抽完,开2～3托中性花后,要及时把蕾尾在中性花后切断,并把不足梳的尾梳仅留条小果,其余尾梳果全部摘除。这样能使其他果梳饱满,又不致因蕾尾蕉轴腐烂影响正梳蕉果。为了提高商品质量,可少留果梳,每蕾仅留6～8梳。这样总产可能少了一些,但外观品质提高,卖价相对增加,还是合算的。

②　花蕾喷药:香蕉果实易受蓟马为害,造成嫩果表皮上留下木栓化,顶端褐黑色的突起斑点,影响果实的外观及商品价值。抽蕾后开苞前,就有蓟马钻入花苞内开始为害果实,因而在刚出蕾时就应喷药防治,用80%敌敌果800～1000倍液+45%吡虫啉3000倍液+万丰液肥1500倍在现蕾时喷1次,弯蕾时喷1次,第二苞片开张时喷第3次,即每3～4天喷1次。

③　抹花:蕉花开放后,一旦从白色转为黄褐色时应及时把蕉花的花瓣、柱头一并抹掉,使果串保持洁净,因蕉花头尾梳开放不一致,故一株蕉抹花分2次进行,第一次抹1～3梳,第二次抹4～7梳,抹花也可与断蕾同时进行。

④　立柱防倒:对于在1～3月份采收的香蕉,只对倾斜15°以上的香蕉用杆支撑,4～6月份采收的香蕉,蕉树梢有倾斜或果穗较重的香蕉必须立杆支撑,7～12月份采收的香蕉必须每株立杆支撑,而且在台风季节到来之前立杆完毕,以防台风。立杆位置一般在离蕉头20厘米处打穴,洞深40厘米,将木杆立进穴中压紧,然后将香蕉假茎绑牢在立杆上。出蕾后立杆应避免与蕉果触碰,造成伤果。

⑤　果穗修整、疏果:断蕾时一般最后1梳果只留一个果指(营养果),必修掉单层果、三层果及双连果、畸形果、巨形果、病果、特小果等,只留双层果,操作时注意不要损伤其他果指。

为了提高果实质量,断蕾时要适当疏果,一般每1.5片绿叶可留一梳果。新植蕉统一留梳不超过6梳,留芽在12月30日前留

7 梳，以后留 6 梳，第一梳果不超过 24 个果指，多余的去掉，方法为每间隔一个梳掉 1 个，第一梳果指不超过 16 个（含 16 个），则整梳除去把第二梳留作第一梳，最后一梳不得少于 16 个果指，否则去掉。

⑥ 施好壮果肥：根据当时蕉叶长相，决定施肥数量和施肥迟早。一般可施 2 次肥，每次每株施复合肥 250 克，撒施或开浅沟施，尽量做到不伤根。

⑦ 圈蕉：蕉树有些叶片枯死，有些叶片变黄，有些叶鞘腐烂，必须进行圈蕉，将它们除去。圈蕉一般在冬后天气温暖的晴天进行，用小刀割除茎干外围腐烂的叶鞘，切口要斜，不伤及内层。

二、套袋技术

1. 果袋选择

（1）香蕉袋种类：香蕉套袋种类有单层纸袋、双层纸袋、珍珠棉＋纸袋、蓝薄膜＋纸袋等。

（2）果袋规格

① 香蕉袋规格：我国目前普遍采用外层是长 140～160 厘米，宽 90 厘米的两头通蓝色薄膜袋，内层是长 120～140 厘米，宽 90 厘米的珍珠棉袋双层袋。

② 大蕉、粉蕉袋：70 厘米×140 厘米、80 厘米×150 厘米，厚度 0.015～0.03 毫米的红纸袋，报纸袋、蓝袋、黑色地膜袋、纤维袋、蓝色薄膜袋、珍珠棉或无纺布袋。

③ 贡蕉袋：60 厘米×120 厘米，厚度 0.015～0.02 毫米的蓝色塑料薄膜袋、珍珠棉、无纺布、报纸等。

2. 套袋时间

香蕉一般在断蕾后(10天左右)果指上弯时套袋为佳。套袋过早,因幼果病虫多难以喷药防治,同时还影响果指向上弯曲,不利于形成靓的梳形,卖相不佳。套袋过迟,则达不到防晒、防雨、防虫、防病、防寒保果的目的。

3. 套袋方法

(1) 套袋前喷药:香蕉嫩果易受病虫侵害,在套袋前通常要喷两次药防治病虫。

第1次在断蕾时立即喷,可用30％爱苗1500倍液＋10％吡虫啉可湿性粉剂2000倍液或25％势克2000倍液＋10％灭扫利乳油2000倍液均匀喷洒蕉株和蕉蕾,以控制炭疽病、黑星病和蒂腐病的病源。

第2次在果指上弯时喷,蕉皮转青时,选择在晴天上午,用2.5％功夫(三氟氯氰菊酯)乳油3000倍液＋25％阿米西达悬浮剂1500倍液或10％高效灭百可乳油2000倍液＋25％阿米西达悬浮剂1500倍液均匀喷洒1次蕉果,喷药时还可加营养剂(如绿芬威、高美施、磷酸二氢钾等)一起喷施壮果,待果面药液干后即可套袋。

同时,近年实践证明在套袋前用迦姆丰收(或生多素等有机叶面肥)1000倍液喷施2～3次(隔5天),既可使果实饱满、果皮光亮,又可提高抗寒、抗病能力。但忌过度喷施激素类叶面肥,以免影响品质,降低抗寒抗病能力。

(2) 套袋方法:套袋分果梳套袋和果穗套袋,果梳套袋是指头梳外,用打有小孔的白色薄膜袋,套住每一梳蕉果,避免蕉果在返梳生长过程中,果指末端与上梳蕉的摩擦。果穗套袋是指先在蕉串套上珍珠棉,顶端用草球绳绑紧在果轴上,再用2张报纸绑在珍珠棉袋外,挡住西南方向及果串易晒的位置,避免太阳灼伤果指端部,外层再从下往上套一层蓝色塑料薄膜,然后上部用绳在果轴处扎紧袋口,以避免雨水流入套袋中,套袋时标记日期,以便采收。套袋时动作要轻,以免袋与果实相摩擦损伤果实。套袋可起着防寒保温、蕉果着色好、减少病虫害及避免外伤的功效。冬天可用不带孔的袋子,春夏季节的袋子应带孔。在袋子能套住整条果穗及条件允许的情况下,套袋绑在果轴上的位置越高越好,最少也要离头梳香蕉着生果轴位置 30 厘米以上。

三、套袋后的管理

1. 套袋后定期检查

套袋后要经常检查果指情况,有问题及时处理,如发现湿度过大,一定要打开袋通风,待水气干后再套好。一旦发现有病虫则要及时喷药防治,等药液干后再套好。

2. 肥水管理

套袋后可分 2 次追施,每株每次追香蕉专用肥和硫酸钾各 0.2~0.3 千克,施用方法为灌水后撒施。

在每次施肥之间,还可以根据香蕉的长势和长相临时追施。追施方法为用少量肥兑水浇施。

3. 套袋后的病虫害防治

香蕉常见病虫害有 20 多种,香蕉束顶病、花叶心腐病,镰刀菌枯萎病已成为香蕉生产的毁灭性病害,此外还有香蕉叶斑病,炭疽病等,虫害主要有香蕉交脉蚜、象鼻虫、卷叶虫等。

根据病虫害的发生特点、流行规律以及自然环境条件的不同,贯彻"预防为主、综合防治"的植保方针,优先采用农业防治、生物防治和物理防治措施,配合使用高效、低残留农药,不用高毒、高残留化学农药。

(1) 香蕉束顶病:又称蕉公、虾蕉葱蕉,是世界性的严重病毒病,传播性强。

【发病症状】植株发病时,新抽嫩叶一片比一片短、窄、硬、直,并成束长在一起,植株变矮,病株的叶色,老叶比健株较黄,新叶比健株更绿,叶片硬脆,容易折断。感病初期沿着叶脉可以看到不连续的,长短不一的深绿色条纹,条纹逐渐褪绿,最后变成黑色,在叶柄和假茎上也有浓绿色条纹,俗称"青筋",它是早期诊断本病的特征,病株分蘖较多,球茎变紫红色,无光泽,大部分根系也变紫色,腐烂,不发新根。幼株感病不能抽蕾结果,后期感病的植株偶能抽出花蕾,但蕉果细小。

【发病规律】病原为香蕉束顶病病毒,主要靠带毒的种苗和蚜虫传染,机械摩擦或土壤不传染。

【防治方法】

① 农业防治:选择无病蕉苗种植;发现病株,应在喷药灭蚜之后彻底挖除;增施钾肥和有机肥,加强蕉树的抗病能力;发病严重的蕉园,要与水稻、甘蔗轮作。

② 药剂防治:或 50%辟蚜雾 1500~2000 倍液及其他杀虫剂防治蚜虫,苗期 10~15 天 1 次,成株 1 个月 1 次。

(2) 花叶心腐病:是仅次于束顶病的香蕉毁灭性病害。

【发病症状】病蕉株叶片呈现或长或短,或窄或宽的白色或黄色条斑。与绿色部分相间而形成花叶,心叶或假茎出现水渍状,横切假茎病部可见黑褐色块状病斑,中心变黑腐烂、发臭。

【发病规律】病原物为黄瓜叶病毒的一个株系,传毒媒介为棉蚜、玉米蚜和桃蚜。寄主除香蕉处,还有黄瓜、丝瓜、菜心、番茄等。远距离传播是带毒种苗,近距离传播靠媒介昆虫,该病潜育期一般 5~10 天,当发病条件不合适时长达 12~18 个月。苗期发病比成株期严重。

【防治方法】防治方法与束顶病相同。

(3) 镰刀菌枯萎病：又称巴拿马病和黄叶病，主要为害粉蕉、龙牙蕉。

【发病症状】该病初发时表现叶缘黄化，病叶迅速凋萎、倒垂由黄变褐而干枯，纵剖病株球茎和根部，可见维管束坏死变黄褐或紫红色。

【发病规律】繁殖材料是镰刀菌枯萎病病害传播的重要来源，被污染的土壤或基质也是传播病害的来源之一。

镰刀菌枯萎病发病最适宜的温度为 27～32℃，在 20℃时病害发生趋向缓和，到 15℃以下时则不再发病。大苗龄比小苗龄的容易发病。在春夏季节，若栽培基质温度较高，潮湿，移栽或中耕时根系伤害较多，植株生长势弱则发病重。栽培中氮肥施用过多，以及偏酸性的土壤，也有利于病菌的生长和侵染，并促进病害的发生和流行。华南地区枯萎病常于 4～6 月份发生，云南、四川、华东地区枯萎病则常发生于 5～8 月份。

【防治方法】

① 农业防治：选育抗病品种，有效控制病害蔓延；注意排水，防止渍水烂根。施肥要适当远离蕉头，防止断根伤根，减少病菌侵染机会。多施木薯渣、蔗渣、石灰等改善土壤环境，使其不利于镰刀菌生长。

② 药剂防治：清除病株、消毒病土，一经发现，必须立即用除草剂杀死病株，然后挖除并就地烧毁，植穴用 32.7% 威百亩300 倍液 10～20 千克淋土，穴外用石灰进行土壤消毒。

多菌灵等对预防该病和初发期使用非常有效，有 3 种用法：用千分之一的多菌灵淋湿根区土壤；在球茎中央注射 3 毫升 2% 的多菌灵液；种后第 5、第 7、第 9 个月在球茎里放入多菌灵胶囊（65 毫克）。

(4) 香蕉叶斑病：香蕉叶斑病为害叶片,常见的有褐缘灰斑病、灰纹病和煤纹病 3 种,其中以褐缘灰斑病为害严重。

【发病症状】

① 褐缘灰斑病:病叶首先出现沿叶脉纵向扩展的褐色条纹,以后逐渐形成黯褐色乃至黑色的圆形或长条形病斑,病斑中部灰白色,其上着生灰色霉状物。

② 灰纹病:病叶初生小圆形病斑,后扩展为长椭圆形大斑,病斑中央呈灰褐色或灰色,中央周围褐色,上生轮纹,病斑边缘有黄色晕圈,病斑背面着生灰褐色霉状物。

③ 煤纹病:病斑多呈短椭圆形,褐色,斑面轮纹较明显,病斑多在叶的边缘。

【发病规律】该病初侵染源来自田间病叶,越冬的病源菌产生大量分生孢子,随风雨传播,每年 4～5 月份始见发病,6～7 月份盛发,9 月份病情加重,枯死叶片增多。种植密度大,偏施氮肥,排水不良的蕉园发病严重,矮秆品并抗病性较差。

【防治方法】

① 农业防治:种植耐病品种;不宜过度密植,合理施肥,深沟排水。

② 药剂防治:可喷 25％敌力脱乳油 1500 倍、30％氧氯化铜糊剂 800 倍、40％多硫悬剂 400 倍、70％甲基托布津 700 倍药液交替施喷,4～7 月施 5～6 次,保护挂果株有 7～10 片功能叶片。

(5) 炭疽病：是香蕉产区的常发病害。

【发病症状】此病主要为害采后的熟果,有的品种青果也可发生,贮运期间为害最烈。开始果实产生黑褐色的椭圆形病斑,随后出现"梅花点"状的黑斑,迅速扩大腐烂,最终形成许多橙色的粒质粒(病原菌)。有明显潜伏侵染特性。

【发病规律】该病原菌为香蕉炭疽菌,夏秋高温多温季节发病严重,冬季低温干燥病害较轻。

【防治方法】

① 农业防治:选用抗病或耐病香蕉品种,是最经济有效的方法;经常清园,烧毁病叶。抽蕾后喷杀菌剂 2～3 次保果;减少操作机械伤,在采收、包装、贮运过程中,尽量减少果皮机械伤;当果实达七、八成熟度可采收,成熟度过高抗病力降低;晴天采果,忌雨天采果。

② 药剂防治:采果后用 45％特克多或 50％抑霉唑 500 倍液浸果 1～2 分钟,晾干加保鲜剂,可有效减少贮运期烂果。

(6) 香蕉交脉蚜: 又称蕉蚜、黑蚜。

【发病症状】刺吸为害香蕉使植株生势受影响,更严重的是因吸食病株汁液后传播香蕉束顶病和花叶心腐病,对香蕉生产有很大为害性。

【发病规律】香蕉品种虫多,大蕉和粉蕉少。无翅蚜群居心叶基部及嫩叫荫蔽处取食。旱季发生数量及有翅蚜均多。

【防治方法】定期检查蕉园内蚜虫的发生情况,可用 90％万灵可湿性粉或 50％辟蚜雾可湿性粉 3000 倍施药杀虫。

(7) 象鼻虫: 香蕉象甲属鞘翅目象虫科害虫。根据其身体特征及取食部位的不同,分球茎象鼻虫和假茎象鼻虫。

【发病症状】幼虫蛀食球茎及假茎,茎内蛀道纵横交错,影响植株生长,叶片枯卷,易招风折,甚至整株枯死。

【发病规律】宿根期长、管理不善的蕉园虫口多,每年发生多代,世代重叠,终年为害。成虫群居假茎外层枯鞘,仅夜出活动。

【防治方法】

① 农业防治:经常清园,挖除旧蕉头,对有虫害的干叶及叶鞘应集中烧毁,并进行人工捕杀。

② 药剂防治:用 3％呋喃丹或 5％辛硫磷剂或 3.6％杀虫丹 3～5 克,于种植前植穴撒施,或在虫口较多时,于蕉头附近撒施或穴施,或涂抹于植株叶柄基部与假茎连接处,以杀死成虫和幼虫。

(8) 卷叶虫：是香蕉弄蝶幼虫，为害蕉属植物。

【发病症状】发生严重的蕉园虫苞多，叶片残缺不全，阻碍生长，影响产量。

【发病规律】每年 4～5 代，以幼虫吐丝卷叶成苞，藏身其中，边吃边卷，一虫可食去 1/3 以上的叶片。每年 5～8 月虫口数量最多，常见蕉叶被食仅存中肋。

【防治方法】

① 人工捕杀。

② 药剂防治：应在低龄期进行，可用 90％敌百虫 800 倍液喷杀，加入 20 克洗衣粉于 50 千克药液中，效果更好。或用 10％灭虫百可乳油 100～200 倍液喷雾。

4. 防风与风害的补救措施

(1) 防风措施：选择避风小环境建园，并营造防护林；选择中秆或中矮秆品种；选择适宜的定植季节与留芽时期，避开或减少台风的影响；增施钾肥，排除蕉园积水；立桩防风。

(2) 风害的补救措施

① 风害后应及时排除蕉园积水。

② 较小植株，若倾斜的进行培土，倒伏的及时扶正并培土压实；倾斜的挂果植株进行培土，立蕉桩固定；假茎被折弯者，用利刀在折弯处切开一小口，使新叶从中长出，并保留植株叶片。

③ 尚未花芽分化的植株假茎被折断者，从断口以下约 10 厘米处，将折断的假茎砍断并置于行间，保留植株，继续加强管理以恢复生长与抽穗挂果；已花芽分化或挂果的植株其假茎被折断者，按上述方法砍断假茎，原植株不宜保留，应另选留健壮新抽吸芽接替生长，不宜选留因除芽不彻底而继续恢复生长的吸芽；如待更新蕉园则应新种香蕉或改种其他作物。

④ 尚未花芽分化的植株整株被风连根拔起的，将其每片叶片

各剪去一半,重新种植。

⑤ 剪除受伤严重的叶片,及时清理蕉园残株烂叶。

⑥ 风害后喷药防治香蕉叶斑病、炭疽病和象鼻虫等病虫害,见病虫害防治。

⑦ 风害后约 10 天加强施肥,促进植株恢复生长,并割除枯叶。

5. 冻害与冻害的补救措施

香蕉喜温忌寒,10℃以下即不同程度受害。因此,在 11 月下旬即应采取防寒措施:

(1) 防寒措施

① 对越冬幼果,先用稻草包扎果轴上端,然后用双层薄膜袋套住果穗,袋上部紧系果轴。下部打开垂下,以排积水;如果连续低温阴雨,最好束紧袋的下开口,晴天日即打开。套袋宜用浅蓝色,果实外观才美,商品率高。

② 灌水护根,灌水可提高土温,对防霜有一定效果。

(2) 冻后的补救措施

① 受冻害的叶片会腐烂并会逐渐向下蔓延,春暖后及时割除被冻害的叶片,尤其是未张开的叶片,防止蔓延。

② 花蕾、幼果、假茎受冻害严重,应及时砍掉母株,加速吸芽生长,加强肥水管理,仍可获得一定产量。

③ 提早中耕松土,及时施肥管理。尤其施速效氮肥如碳铵等,对促进植株生长有显著的作用。

6. 防鼠害

入冬后田间食物不足,黄毛鼠及扳齿鼠常咬食过冬蕉果,其为害超过 15%。注意铲平高地及田基鼠穴,用抗凝血灭鼠剂如 0.2%敌鼠钠盐或 0.38%杀鼠迷毒谷饱和投饵。

四、脱袋前后的管理

在采收前 50 天停止土壤追肥,在采果前 30 天停用叶面肥、停止浇水。

为提高香蕉的品质及耐贮性,减少腐烂,要求在香蕉采收前 10～15 天,停止给蕉园灌水。

香蕉为后熟性水果,因此采收时不要撕下套袋,以便采收或运输时保护果实。

五、采收与包装

1. 适时采收

根据果棱和果皮颜色判断成熟度,果身近于平满,果实棱角较明显,果色青绿,横切面果肉发白,成熟度达 70%;果身较圆满,尚现棱角,果色褪至浅绿,横切面果肉中心微黄,发黄的部位直径不超过 1 厘米,成熟度达 80%;一般冬蕉采收成熟度在 80%左右,其他时间采收成熟度稍偏低。

作为鲜果销售的采收成熟度一般以八成熟为宜,具体根据果实用途、市场需求、运输距离、贮运条件、成熟季节、预期贮藏期限等综合确定采收适期。

2. 采收方法

(1) 砍蕉:一般采用两人两刀法采收果穗,即以两人为一组配合采果,一人先砍倒假茎,让植株缓慢倒下,另一人肩披软垫,托起果穗,再由拿刀人砍断果轴。

(2) 搬运:有索道运输、板车运输、人工挑蕉 3 种。通索道的园区由采收工人将香蕉砍下后挂上索道,直接拉至包装厂;未通索道的园区由采收工人将香蕉砍下后挂在专用的香蕉板车上,再将板车拉至包装厂;人工挑蕉是由专业的挑蕉工人直接把已砍好的香蕉挑至指定的打包点。

3. 采后处理

果穗运往包装后,及时进行清洗、落梳、修整、分级、称重、保鲜与包装等一系列香蕉采后商品化处理。

第十章 荔枝果套袋技术

荔枝果套袋后可促进果实着色,特别是对着色差或着色不均匀的品种可起到改善果实颜色的作用,提高果实的外观品质。套袋可增大果实,提高单果重,降低病虫果率和农药残留,改善果实的贮藏性。另外,套袋还可防止鸟雀、大金龟子、蝙蝠、大蜂类等为害。对于易裂果的荔枝品种,套袋可防止裂果发生,减少裂果率,提高果品等级和商品价值,增加经济效益。

一、套袋前的树体管理

1. 树体选择

一般选择树高在 2 米以下,树势壮,产量较高的幼年树为宜。

2. 追花前肥

花前施肥以磷、钾肥为主,不能施过多氮肥,否则会形成带叶花穗和花穗过长,对坐果不利。一般结果 50 千克的果树,每株施复合肥 0.5 千克,或尿素 0.5 千克、氯化钾 0.25 千克、过磷酸钙 0.5 千克。

3. 花期修剪

(1) 疏折花穗:花序长短直接影响花量和花质、坐果率,花序过长,消耗养分多。

① 摘除早花穗:立春前后把早花穗全部摘除,促抽短而壮的

侧花穗。

② 疏花穗：对花穗过多的植株，为集中养分用于开花结果，当花穗抽出 10 厘米时把弱穗、病穗、带叶花穗疏除，减少营养消耗。

③ 短截长花穗：对长花穗品种，如大造、妃子笑、黑叶等品种，花穗过长，花量多，泌蜜多，消耗养分过多；同时，花穗顶端雌花比例低，以雄花为主，消耗养分，不利坐果，在花穗长 15～20 厘米时短截。

(2) 控制春梢生长：剪除开花植株抽出的少量春梢，摘除带叶花穗上的嫩叶，但不摘顶。用 200～250 毫克/升乙烯利喷春梢以抑制春梢生长。

4. 花穗抽发期保花

(1) 培育短壮花穗：花穗 5 厘米长时喷稀浓度花果灵，长到 10 厘米时留 8 厘米摘顶。开花前适当剪除过密内膛枝、纤弱及病虫枝，并疏去过密过弱的侧穗。

(2) 壮花：花穗将进入孕蕾时，开浅沟或树盘撒施壮花肥，开花前 15 天喷荔枝保果素。

(3) 病虫害防治：花穗 5 厘米长至开花前，主要防治蝽蟓、霜疫霉病等，老果园用硫酸铜 150 克加洗衣粉 100 克，兑水 50 千克喷洒地面防霜疫霉病。

5. 授粉

荔枝坐果率高低差异极大，利用昆虫传粉或人工辅助授粉提高坐果率。

(1) 花期放蜂：蜜蜂的传粉对提高坐果率起重要作用，放蜂的数量与荔枝群体大小成正比，一般老树 10 株、中幼树 30～60 株置蜂群一箱，可满足传粉要求。放蜂期应停止喷杀虫农药，避免蜜蜂中毒和蜂蜜受污染。

(2) 人工辅助授粉

① 湿毛巾沾着法：用湿毛巾在盛开的雄花上拖沾，并将沾有花粉的毛巾放入清水洗下花粉，然后喷于盛开的雌花上。

② 人工采摘法：人工剪下发育成熟且花药未开裂的雄花小穗贮藏备用。贮藏时可放入装有硅胶、生石灰等干燥剂的密封容器中，也可装入纸袋放于家用冰箱冷藏室中，5～12℃贮藏 50 天仍可使用。人工授粉以气温 20～25℃为佳，可在每 50 千克花粉液中加入硼砂 5 克，配成后及时对盛开的雌花喷射授粉，可提高坐果率3％～6％。

(3) 雨后晴天摇花：盛花期遇阴雨时，天放晴即人工摇花枝以抖落水珠，加速花朵风干和散粉，或防止沤花。

6. 保果

(1) 施花后肥：开花后荔枝树体养分降到最低点，若不及时补充营养，会引起落果。故在谢花后应及时施 1 次速效肥，以氮肥为主，配合磷、钾肥。一般结果 50 千克的果树，每株施复合肥 1 千克，或尿素 0.5 千克、氯化钾 0.5 千克。

(2) 用植物生长调节剂保果：花蕾期至幼果期，每隔 10～15 天喷一次叶面肥，叶面肥可用 0.3％尿素＋0.3％磷酸二氢钾；或用核苷酸 1 包，兑水 15 千克。在花前喷施叶面肥需另加 0.1％的硼砂。开花前 10～15 天，结合防治霜疫霉病、蝽蟓进行叶面追肥 1～2 次，用 0.2％乙膦铝＋(0.1％～0.2％)敌百虫＋0.1％硼砂＋0.1％的硫酸镁＋(0.3％～0.5％)的尿素。开花期不能使用农药。谢花后 20～40 天可用 40～50 毫克/升防落素，或 20～50 毫克/升赤霉素＋(0.3％～0.5％)尿素和 0.2％～0.3％氯化钾进行保果。

(3) 物理刻伤保果：长势壮旺的中幼树，伤口已愈合或上一年冬季没有环割、环剥的，谢花后可螺旋环割或环剥；若出现夏梢，采用小枝环割控梢保果。

(4) 病虫防治:幼果期重点防治蝽蟓、蒂蛀虫、瘿螨、霜疫霉病等,果实膨大期特别注意霜疫霉病和蒂蛀虫为害。果实成熟前防止吸果夜蛾、老鼠及鸟类等为害。

(5) 水分管理:雨季前整治好排水系统,连续干旱 10～15 天要淋水及树冠喷水,减少久旱遇雨引起裂果落果。

(6) 防裂果:裂果的原因是荔枝谢花之后,果皮发育阶段气温偏高,由于气温高,所以果皮发育时间短。第一个措施是在果皮发育时期,采取降温的办法,当雌花谢后用 45％的遮阴网遮光降温,遮阴的时间 40 天。第二是采取短时间高效率的方法,在雌花谢后 10 天、20 天或 30 天,各喷 1 次"肥力高"浸出液＋磷酸二氢钾＋"细胞分裂素"或者"荔枝专用防裂素"同时混喷,使果皮的细肥分裂加速,减少裂果。

7. 合理疏果

在套袋前对结果过多的植株在第一次生理落果后进行人工疏果。将过大、过小、病虫果和过于分散的果疏除,果穗上的枯枝残叶摘除,并依据树势、结果母枝粗壮程度和叶片数确定每枝条留果量,一般为 20～30 个正常小果。

这里需要提起注意的是妃子笑品种有一、二、三批结果的特性,如果同一果穗结有不同批次的果实,套袋后会影响统一采收,应保留同期或果实大小相近的部分,去除过小和过大或病虫害残果枝,其他品种去除病虫果及残果枝即可。

二、套袋技术

1. 果袋选择

荔枝多采用无纺布、单层纸袋、双层纸袋。规格一般有30厘米×20厘米、35厘米×25厘米、40厘米×35厘米。准备果袋时应多准备几种规格，以适应不同大小的果穗。

2. 套袋时期

荔枝套袋应根据品种和套袋的目的不同选择适应的套袋时期，一般在果实发育中期或中后期（即谢花后40～60天）为宜，妃子笑品种套袋可早些，谢花后15天便可以进行（即第二次生理落果后），但生产上应用时，由于需要套袋前进行合理疏果和病虫害防治等一系列工作，一般在果实发育30～40天进行套袋较为适宜。其他品种可在果实发育中后期（约50～60天）套袋。过早套袋，袋内过多落果，易引起病害。

3. 套袋方法

(1) 套袋前的准备

① 套袋前喷药：套袋前应对果园连续进行2～3次病虫害防治，每次间隔3～5天，对树体外围、内膛及地面均匀喷洒药剂，进行荔枝蒂蛀虫、蝽蟓、瘿螨、霜疫霉病、炭疽病等防治，可用菊酯类和有机磷杀菌剂如40%乐斯本800～1000倍液或10%灭百可2000倍液、20%杀虫双600倍＋90%敌百虫800倍液；防病可用58%瑞霉锰锌400倍液或90%乙膦铝锰锌500倍液、50%甲基托布津可湿性粉剂1000倍液、炭疫灵可湿性粉剂800倍液。最后一次喷药待药液干后马上套袋，当天喷当天套完。

② 果袋准备：套袋前先将整捆果袋放在潮湿处，让它们返潮、柔韧，以便于使用。

（2）套袋方法：套袋应在晴天进行。套袋时先把果袋撑开，左手托住果袋底部，右手将果穗放入袋中，然后一手拿住果柄和纸袋口，一手把袋口按折扇方式收紧袋口，将镶有铁丝袋口边向前包住顶部扎紧即成，果袋底部漏水孔朝下。

套袋时不要把树叶、枝条套进袋内；保果袋要充分撑开，尽量让袋内壁与小果分离；果实发育过程中，如果发现保果袋破损，要及时更换。

三、套袋后的管理

1. 套袋后定期检查

（1）每隔一段时间（5～7 天）检查袋内是否有过多的落果或落果引发的霉菌滋生诱发炭疽病，如果有病变，要拆除倒掉落果，再套上或换袋。

（2）雨后经常检查是否有烂袋，特别是纸袋，应及时更换。

2. 套袋后的肥、水管理

套袋后，果实坐果率提高，果实相对较多，如肥水供应不足，果实偏小，商品价值降低，所以必须加强肥水供给。最好在花穗抽生4 厘米左右时淋施 1 次腐熟的麸水，以后每隔 1 个月左右淋 1 次，直到采收。同时每隔 7～10 天喷 1 次叶面肥（绿旺钾、磷酸二氢钾等）。

在果实生长发育期如遇干旱宜及时灌水、保持土壤湿润，灌水量达到田间最大持水量的 60%～70%。

每一次抽出新梢开始转绿时，可以用"复合型核苷酸"进行根外追肥,每一包"复合型核苷酸"+迦姆丰收 10 毫升+云大 120 一小包兑水 50 千克叶面喷施。

3. 保果

果期可结合环割或螺旋环剥保果。

4. 防止蝙蝠为害

果实近成熟时,蝙蝠会咬破果袋为害果实。严重时,整株荔枝树的果袋全被咬破,果实被咬食。因此要经常检查,发现果袋破裂,及时更换。可利用蝙蝠怕光的习性,结合诱杀吸果夜蛾等害虫,采用电子灭蛾灯夜间点灯照亮树顶,驱赶蝙蝠。

5. 套袋后的病虫害防治

贯彻"预防为主,综合防治"的植保方针,坚持以"农业防治、物理防治、生物防治为主,化学防治为辅"的无害化治理原则。

荔枝主要病害有霜疫霉病、炭疽病、藻斑病、叶斑病、煤烟病等,主要虫害有荔枝蝽蟓、蛀蒂虫、叶瘿蚊、卷叶蛾、天牛等。

(1) 霜疫霉病:荔枝霜疫病是荔枝果实上的一种重要病害,在广东、广西、福建都有发生,可造成大量落果和烂果,严重影响鲜果贮藏和销售。

【发病症状】嫩叶受害后形成不规则的褐色斑块,湿度大时病部正面和背面都呈现白色霉状物;未完全老化的叶片受害时,通常在中脉处陆陆续续变黑。并沿中脉出现褐色小斑点,而后扩展成为淡黄色不规则的病斑。完全老化的叶片不受感染。

花穗受害后变褐色腐烂,病部产生白色霉状物。

结果的小枝、果柄上病斑呈褐色。病部与健部的界限不明显,高湿时产生白色霉层。

果实受害后,任何部位都可产生不规则、无明显边缘的褐色病

187

斑。潮湿时病部长出白色霉层,随后病斑迅速扩展,全果变褐,果肉发酸或糜烂,流出褐色汁液。病果易脱落。

【发病规律】霜疫霉病主要为害近成熟的果实,亦可为害青果和叶片。果实受害多从果蒂开始,初在果皮表面出现褐色不规则病斑,以后扩大到全果变黑,果肉腐烂成浆,有刺鼻的酒味和酸味,并流出黄褐色汁液,病部表现长出白色霉状物。叶片受害先是出现褐色小斑点,后扩大成淡黄色不规则形病斑,天气潮湿时,表面长出白色霉层。

【防治方法】

① 农业防治:在果实采摘后及时清洁地面病果、烂果,修剪树上枯枝,并集中烧毁,可以减少菌源。同时要加强管理,合理施肥,防止果园郁闭,通风透光,有利减轻病害的发生。

② 药剂防治:做好药剂防治,抓紧在花蕾期、幼果期和果实成熟前喷药保护,可取得很好的防病效果。常用药剂有25%瑞毒霉800倍液,75%百菌清可湿性粉剂500～800倍液,70%甲基托布津可湿性粉剂1500倍液,65%代森铵可湿性粉剂500倍液,40%乙膦铝可湿性粉剂300倍液等。

(2) 炭疽病:荔枝炭疽病是一种重要的荔枝病害,为害幼叶、花穗和果实。造成荔枝成熟期大量烂果和落果。

【发病症状】主要为害枝梢、叶片及果实。枝梢染病,病部初呈灰褐色,病斑圆形或长椭圆形,后病斑中央稍凹陷,并散生许多小黑点,严重整个枝梢枯死。叶片染病,病部初生小黑点,四周具微晕,后扩展为灰褐色小圆形病斑,小病斑扩大融为大斑,内现灰褐色干枯轮纹状斑。表面散生小黑点,外围具黄晕。果实染病呈畸形或局部枯死。

【发病规律】病菌以分生孢子在病叶、枝梢及果实病斑上越冬,翌年春季遇适宜的温度或梅雨期湿度大时,病菌孢子发芽,先侵入春梢及叶片,发病后在新病斑上产生分生孢子,这时果园又逢修剪,加之环境、气候条件适宜,病菌通过风、雨传播,孢子从修剪造成的伤口或虫伤侵入后,引致发病。

【防治方法】

① 农业防治:结合防治霜疫霉病,搞好清园工作,剪除病枝梢、病果,清除地面落叶,病果,集中烧毁,以减少菌源。

② 药剂防治:在做好农业防治的基础上喷 1 次 40%灭病威悬浮剂(多硫悬浮剂)500 倍液。在春梢及花穗期各喷药 1 次。保护幼果避免炭疽病菌侵入(应在落花后 1 个半月内进行,每隔 10 天左右喷 1 次),连续喷 2~3 次。药剂可用 40%灭病威悬浮剂 500 倍液,或 65%代森锌可湿性粉剂 500 倍液,或 70%甲基托布津可湿性粉剂 800~1000 倍液,或 50%退菌特可湿性粉剂 500~600 倍液。

(3) 藻斑病: 藻斑病是荔枝叶片常见的病害,各产区均有发生。发生严重时,叶片密布藻斑,影响光合作用,使树势衰弱。

【发病症状】主要发生在成叶或老叶上。叶片受害初期灰绿色,后期转为紫褐色,病斑逐渐扩大成近圆形,斑边缘多不整齐,斑面有时有橙褐色的绒状物,是藻类的子实体,后期转为暗褐色。

【发病规律】果园太密,郁闭,通风透光性差,在温湿条件适宜情况下,越冬的绿藻产生孢子囊和游动孢子,借雨水传播,侵入寄主内,在表皮细胞和角质层之间生长蔓延,并伸出叶面,形成营养体,随后产生子实体,散出的游动孢子借雨水再次侵染寄生,使病害扩大蔓延,在多雨季节有利于藻类繁殖,使病害迅速扩展蔓延。

【防治方法】

① 农业防治:加强果园管理,增施有机质肥,及时排除积水,合理修剪,使树体既健壮又不互相郁闭,减少病害发生。

② 药剂防治:发病初期以及清园后喷 30%氧氯化铜悬浮剂 600 倍液或 77%可杀得可湿性粉剂 600~800 倍液。

(4) 叶斑病: 在我国荔枝产区均有不同程度的分布,严重的可导致落叶、使树势衰退，影响产量和品质。

【发病症状】荔枝老叶上常见的叶斑病，有灰斑病、白星病、褐斑病、叶尖焦枯病等。

① 灰斑病也称多毛盘孢灰斑病、叶斑病。病斑多从叶尖向叶缘扩展。初期病斑圆形至椭圆形，赤褐色，后逐渐扩大，或数个斑合成不规则的大病斑，后期病斑变为灰白色，病斑可见针头大小黑色粒点，不会出现朱红色液点。

② 白星病也称叶点霉灰枯病。初期叶面产生针头大小圆形的褐色斑，扩大后变为灰白色，边缘褐色，斑点上面生有数个黑色小粒点。叶背病斑灰褐色，边缘不明显，病斑周围有时出现黄晕。

③ 褐斑病也称壳二孢褐斑病，初期产生圆形或不规则褐色小斑点，病斑扩大后，叶面病斑中央灰白色或淡褐色，边缘褐色。叶背病斑淡褐色，后期病斑上产生小黑点，长数个斑合成不规则大病斑，蔓延至叶基，引起落叶。

【发病规律】以分生孢子器、菌丝或分生孢子在病叶或落叶上越冬。分生孢子是初次侵染的主要来源，借风雨传播，在温湿度适宜条件下，分生孢子萌发后侵入叶片为害。此病以夏秋发生较多，严重的可引起早期落叶。老果园或栽培管理差，排水不良，树势衰弱以及虫害严重的果园容易发病。

【防治方法】

① 农业防治：加强栽培管理，增施有机质肥，及时排除果园积水，提高树体抗病能力。对衰老果园要更新修剪，同时注意清园，清除枯枝落叶，集中烧毁，减少病源。

② 药剂防治：对有发病史的果园，夏秋要经常检查，发现有病害发生，及时喷药防治。药剂可选 30％氧氯化铜悬浮剂 600 倍液，77％可杀得可湿性粉剂 600～800 倍液，50％多菌灵可湿性粉剂 800 倍液，75％百菌清可湿性粉剂 1000 倍液，45％三唑酮福美双可湿性粉剂 600 倍液。

(5) 煤烟病：本病为害荔枝的枝、叶、果时，形成一层黑色霉层，阻碍光合作用，影响树势，降低果实品质。

【发病症状】叶片受害，初期表现出黯褐色霉斑，继而向四周扩展成绒状的黑色霉层，严重时全叶被黑色霉状物覆盖，故称煤烟病。严重的在干旱时部分自然脱落或容易剥离，剥离后叶表面仍为绿色。后期霉层上散生许多黑色小粒点或刚毛状突起。

【发病规律】病菌以菌丝体和子实体在病部越冬。第二年，温湿适宜条件下，越冬病菌产生孢子，借风雨及昆虫活动而传播。由于多数煤烟菌以昆虫分泌的蜜露为养料而生长繁殖，故其发生轻重与刺吸式口器害虫的发生为害关系密切，因此，凡介壳虫、蚜虫、粉虱等发生严重的果园煤烟病发生严重。此外，花期的花蜜散布在叶片上可诱发煤烟病，郁闭和潮湿的果园，树势衰弱的果园亦容易发生此病。

【防治方法】

① 农业防治：适当修剪，开天窗，使树冠通气透光。加强肥水管理，增强树势，减少发病。及时防治介壳虫、粉虱、蚜虫等害虫。

② 药物防治：选用合适农药进行防治。40％速扑杀乳油700～1000倍液，或48％乐斯本乳油1000倍液治虫，50％多菌灵600～800倍液防治煤烟病。

(6) 荔枝蝽蟓：俗称臭屁虫，为害荔枝的嫩叶、花穗、幼果。

【发病症状】成虫、若虫刺吸幼芽、嫩梢的汁液，影响正常生长，严重的使新梢枯萎。在花柄及幼果柄刺吸汁液引起落花、落果。在受惊时会排出臭液，沾及嫩叶、花穗和幼果，会造成焦褐色灼伤斑，其为害造成的伤口有利于霜霉病菌的侵入致使发生霜霉病，严重为害可导致产量下降甚至失败。

【发病规律】一年发生一代，以成虫停伏在荔枝稠密的叶丛中或树洞中越冬。

【防治方法】

① 农业防治:在冬季严寒的早晨,用小竹竿击动树枝,使成虫坠地,然后将其集中杀死;在 4～5 月份产卵盛期,检查荔枝树,将有卵块的叶片、花梗摘下,杀灭虫卵。

② 药剂防治:用 90％敌百虫或 80％敌敌畏加水 800～1000 倍液稀释溃淋果树。越冬成虫具有较强的抗药性,可将两种药混合喷雾,或用除虫菊酯类喷雾,也杀死若虫及多种害虫。药剂的防治应掌握好时机,可在开花之前,以及越冬成虫在交尾产卵之前及时防治,效果好。

(7) 蛀蒂虫:又名蛀蒂虫,是荔枝、龙眼果实最主要的害虫,也可为害嫩梢、叶片和花穗。

【发病症状】幼果期被害,幼虫蛀食果核皮层,导致落果。果实着色期被害,种核坚硬,幼虫仅为害果蒂,遗留虫粪,严重影响质量。采果后幼虫钻蛀嫩梢或新叶中脉为害,导致叶片中脉变褐,蛀道充满虫粪。影响新梢正常生长。花穗期钻蛀嫩茎致顶端枯萎。

【发病规律】该虫一年发生多代,世代重叠,以幼虫在枝梢内越冬,4 月上、中旬始为害枝梢、花穗及果实,6～7 月蛀果为主,8 月上旬至 9 月上旬为害果实、嫩梢,9 月中旬至 11 月初蛀害新梢。

【防治方法】

① 农业防治:加强栽培管理,合理用肥,促使新梢抽发整齐,并做好疏梢;结合修剪适当剪除虫害梢、叶和短截花穗,冬季做好控制冬梢等工作,以减少虫源。

② 药剂防治:一般年喷药 3 次,掌握在荔枝、龙眼的落花至幼果期、果实成熟前 15～20 天及秋梢萌动展叶期,于幼虫初孵至盛期内施药。也可通过防治荔枝蝽、荔枝尖细蛾等兼治。药剂可选用 10％高效灭百可 3000 倍液,4.5％绿丹乳油 1000 倍液、2.5％

功夫 2500 倍液、40.8％乐斯本 1000 倍液、2.5％敌杀死 2500 倍液、5％卡死克 1500 倍等。为避免害虫产生抗性,以上几种药剂应交替使用。

(8) 瘿螨:成、若螨吸取荔枝叶片、枝梢、花和果实的汁液。

【发病症状】被害枝梢干枯,花序、花穗被害则畸形生长,不能正常开花结果。幼果被害容易脱落,影响荔枝产量。

【发病规律】成螨、若螨刺吸荔枝新梢嫩叶、嫩芽、花穗和幼果汁液。幼叶被害部在叶背先出现黄绿色的斑块,害斑凹陷,凹处长出无色透明稀疏小绒毛,渐变成乳白色。随着瘿螨发展为害,受害部的绒毛增多,浓密,呈黄褐色,最后变成深褐色,似毛毡;受害叶也随之变形,扭曲不平,状如"狗耳";严重发生时,受害叶可干枯凋落,影响树势。花器受害后畸形膨大,不开花结果。

【防治方法】

① 农业防治:加强果园管理,促进果树生长健壮,减轻瘿螨为害。采果后结合修剪和冬季清园,剪除瘿螨为害枝叶、过密的荫枝、弱枝和其他病虫枝,使树冠空气流通,光线充足,减少虫源,且不利瘿螨发生。控制冬梢,也可减少虫源。调运苗木时,注意剪去瘿螨为害枝叶,防止瘿螨传入新果园。

② 药剂防治:冬季清园后,用 0.3～0.5 波美度石硫合剂或 20％三氯杀螨醇乳油 800～1000 倍液混合胶体硫 300 倍液喷布 1 次;在虫口密度较高的果园,在果树放梢前或幼叶展开前或花穗抽出前,酌情喷布 1～2 次,常用农药品种有 20％三氯杀螨醇乳油 800 倍液,或 73％克螨特乳油 2000～3000 倍液,或 20％哒螨酮乳油 2000 倍液,或 80％敌敌畏乳油和 40％乐果乳油按 1：1 混合后的 1000 倍液,喷雾。

(9) 叶瘿蚊:荔枝瘿蚊为害荔枝叶片、花果。

【发病症状】以幼虫侵入荔枝嫩叶为害,初期出现水渍状点痕,随着幼虫生长,点痕逐渐向叶面叶背两面突起,形成瘤状虫瘿。

严重时叶片上的虫瘿数量大,可致叶片扭曲,嫩叶干焦。后期被害处干枯、空孔。为害花果,可造成落花落果。

【发病规律】该虫一年发生 7～8 代,以低龄幼虫在虫瘿内越冬,翌年 3 月初老熟幼虫脱离虫瘿,入土化蛹,于 3 月底至 4 月初开始羽化,成为第 1 代成虫。荔枝叶瘿蚊可为害幼苗、幼树以及成年树的叶片,每年春、秋两季发生较严重。

【防治方法】

① 农业防治:采果后或冬季修剪时剪除有虫瘿的枝叶,集中烧毁,可减少虫源。

② 药剂防治:在越冬代成虫羽化前,树盘内土壤中施入 50% 辛硫磷乳油 100 毫升兑水 5 千克,对天敌杀伤小。

受害重的荔枝园于新梢展叶前喷洒 75% 灭蝇胺(潜克)可湿性粉剂 5000～6000 倍液或 25% 杀虫双乳油 500 倍液加 0.1% 洗衣粉、90% 晶体敌百虫 900 倍液、50% 乐果乳油 1000 倍液,展叶后最好再喷 1 次。

(10) 卷叶蛾: 为害荔枝的卷叶蛾有 10 多种,主要为害荔枝、龙眼、柑橘等果树的嫩叶、花穗、果实。

【发病症状】幼虫为害嫩叶,吐丝将嫩叶纵卷成圆筒状,如黄三角黑卷蛾等为害状。也有 3～5 片叶缀成一束,藏匿其中为害,为害花器,把小花穗结缀成团。幼虫在其中,取食为害。也可为害果实,蛀入果核为害。

【发病规律】卷叶蛾一年发生 2 代,以 2～3 龄幼虫潜伏在被害的梢内做茧越冬。第二年 4 月上、中旬开始活动为害,5 月中旬至 6 月中旬化蛹,5 月下旬至 7 月上旬成虫陆续羽化,在叶背产卵,卵期 10 天。

【防治方法】

① 生物防治:在初孵至盛孵化期,用每毫克 10000 国际单位的苏云金杆菌 1000 倍液喷雾 1～2 次。

② 药剂防治:于开花前、谢花后掌握幼虫盛孵期喷速灭杀丁乳剂或杀灭菊酯乳剂 5000～10000 倍液,或 90％敌百虫结晶 600～800 倍液;使用 0.5％楝素杀虫乳油 400 倍液,或 0.05％羊角拗苷水剂 500 倍液喷施,不但杀虫效果好,而且不污染环境。

四、脱袋前后的管理

荔枝不需要脱袋着色,因此,不需脱袋。

在距果实采收期 10～15 天追 1 次复合肥。

土壤应控制水分,保持适度干燥,促进营养积累,以利于花芽分化。

五、采收与包装

1. 适时采收

荔枝果实由深绿转为黄绿色、局部出现红色是成熟的开始。成熟时果皮全部呈鲜红色,果皮一旦转黯红色已是过熟,从开始着色至完全成熟经历 7～10 天。为了保证商品质量并获得较长保鲜期,应当在果皮八成至全部呈红色即果实刚成熟时采收。皮色转暗是果实衰老的信号,不宜远运,只作近销。

荔枝采收时连袋一并折下,可减少相互损伤,而且提高商品价值。正确的采收方法,要求在考虑母树来年生产的同时保证商品质量。荔枝果穗基枝顶部节密粗大,俗称"葫芦节"。在密节处折果枝,留下粗壮枝段,称"短枝采果"。由于该枝段营养积累多、萌发新梢生长快且壮健、利于培养优良结果母枝,故一般实行"短枝采果"。折果枝不带或少带叶,应视品种、树龄、树势而定。采收宜选晴天或阴天,雨天或中午烈日均不宜进行,否则不利贮运保鲜。

采收时自上而下,逐层采摘。大树应备长果梯,盛果篮用长绳从枝丫处往下吊运。

荔枝采收后的变褐和腐烂,其外部原因主要是盛夏高温,果皮失水和真菌侵害。采收后在果园阴凉处就地分级,剔除烂果、病虫果,取下保果袋(无纺布果袋下一次可继续使用),迅速装运。如在常温条件下运输,果实需先预冷后包装,因此大型果园最好在产地配有冷库,荔枝采收后尽快进入-5℃的低温环境中贮藏。

2. 采果后的管理

(1) 荔枝采果后修剪: 荔枝要丰产,首先必须培养适时健壮的秋梢。

① 幼树修剪:修剪与整形同步进行,用摘心、短截、抹芽等办法抑制枝梢生长和促进分枝。

② 结果树修剪:主要包括采果后修剪和抽花穗前的修剪。用疏删、短截、除萌、摘心等方法,合理剪除过密枝、弱枝、重叠枝、下垂枝、病虫枝、枯枝等;尽量保留阳枝、强壮枝及生长良好的水平枝;对位置较好且有一定空间的侧枝可适当短截;对生长过旺的枝条,可在枝条基部环割;对衰老大枝可适当回缩。

③ 更新树的修剪:树冠过于高大,株间郁闭或树势衰弱的老树都需要进行更新修剪,一般可回缩到多年生枝部位,根据树势较强或修剪前施用肥料比较充足的植株可行重剪,弱树要适当轻剪,待树势逐渐恢复后再行补剪。

(2) 荔枝采果后施肥: 采果后施肥对荔枝丰产栽培十分重要,当采果后7~10天,待每次梢完全老熟后,就每棵生产50千克果的树冠,施尿素1千克,过磷酸钙0.4千克,硫酸钾0.5千克。但是最后的秋梢转绿时,不要再施肥了,因为施肥后会引起冬梢的抽出。

(3) 秋旱灌水: 荔枝要培养适当健壮的秋梢,水的管理十分关键,有些年份出现秋旱的情况下,如果没有灌水,就很难培养出适时健壮的秋梢。所以采果后如果是连续 8～10 天没下雨,要灌水 1 次,灌水要达到 40～50 毫米的降雨量,就是每平方米要灌水 40～50 千克。

(4) 荔枝不适时秋梢(即结果母枝)的调节:适时的秋梢(结果母枝)对荔枝的丰产稳产非常重要。一般来讲,早熟品种如妃子笑在 8 月中旬抽出新梢,中熟品种大丁香在 9 月上旬抽出新梢,迟熟品种在 9 月中、下旬抽出的新梢即是适时结果母枝。但在生产中发现,如大丁香有 8 月中旬过早抽出的新梢是不适时的结果母枝,应该把新梢抽出的幼梢抹掉,推迟至 9 月上旬抽出。

(5) 荔枝秋梢除虫:秋梢期的害虫主要有金龟子、尺蠖、卷叶蛾,目前主要采用化学防治,但要注意喷药的时间,一般喷药的时间,就是秋梢抽出露白时,进行第一次喷药,隔 10 天左右再喷一次,当叶片开始转绿时,第三次喷药,即 1 次梢 3 次药。喷药可以用盛丰杀虫剂 5 克或功夫 5 毫升兑水 15 千克。

(6) 荔枝的冬梢控制

① 螺旋环割控冬梢:螺旋环割是控冬梢的方法之一。环割的对象必须要壮旺的树,环割部位在粗度 8～10 厘米的地方。环割的深度必须割穿树皮,不能伤木质部,所以环割工具不能太过锋利,要用稍为钝点的环割工具。环割时间必须在末次梢完全老熟后进行螺旋环割,早熟品种在 10 月上旬、中熟品种在 11 月上旬、迟熟品种 11 月中、下旬。

② 断根控冬梢:断根也是控冬梢的一种方法,一般在末次秋梢老熟后,在滴水线以内 20～30 厘米的部位,锄深 20～30 厘米的土壤进行断根。

③ 杀冬梢:荔枝冬梢如果控制不好,已经抽出来了,必须分别对待,如果冬梢已抽出,但叶片未打开,可以使用"荔枝助花剂",每包兑 25～30 千克水来喷施,使叶片脱落,达到杀冬梢的目的。如

果叶片已打开,可以使用"梢即枯",每包兑水 20 千克喷施,就可以把整个冬梢杀死,达到杀冬梢促花的作用。

(7) 冬季的清园和消毒: 荔枝霜疫霉病和炭疽病、溃疡病,对荔枝影响很大,所以防治霜疫霉病和炭疽病、溃疡病,对生产有很大作用。最重要的措施是冬季清园和土壤消毒。首先,每年 10～11 月份,将地面的病枝、病叶、病果、病穗清理干净。其次,在清园干净之后地面撒施石灰,每亩 50～70 千克,接着用氧氯化铜对地面、树下,对树干进行消毒,地面使用 300 倍的氧氯化铜。到 1～2 月份,逢下雨天气时,再喷施一次氧氯化铜,地面、树干、树冠都要喷施 1 次。

附录　石硫合剂及波尔多液的配制

一、石硫合剂的熬制及使用方法

石硫合剂是一种优良的全能矿物源农药,既杀虫、杀螨又杀菌,既杀卵又杀成虫,且低毒无污染,病虫无抗性,是绿色食品生产推荐使用农药之一。它对螨类、蚧类和白粉病、腐烂病、锈病都有良好的杀灭和防治效果。在众多的杀菌剂中,石硫合剂以其取材方便、价格低廉、效果好、对多种病菌具有抑杀作用等优点,被广大果农所普遍使用。

1. 石硫合剂的熬制

石硫合剂是由生石灰、硫磺和水熬制而成的,三者最佳的比例是 1:2:10,即生石灰 1 千克,硫磺 2 千克,水 10 千克。熬制时,首先将称量好优质生石灰放入锅内,加入少量水使石灰消解,然后加足水量,加温烧开后,滤出渣子,再把事先用少量热水调制好的硫磺糊自锅边慢慢倒入,同时进行搅拌,并记下水位线,然后加火熬煮,沸腾时开始计时(保持沸腾 40～60 分钟),熬煮中损失的水分要用热水补充,在停火前 15 分钟加足。当锅中溶液呈深红褐色、渣子呈蓝绿色时,则可停止加热。进行冷却过滤或沉淀后,清液即为石硫合剂母液,用波美比重计测量度数,表示为波美度,一般可达 25～30 波美度。在缸内澄清 3 天后吸取清液,装入缸或罐内密封备用,应用时按石硫合剂稀释方法兑水使用。

2. 稀释方法

最简便的稀释方法是重量法和稀释倍数法 2 种。

(1) 重量法:可按下列公式计算。

原液需要量(千克)=所需稀释浓度÷原液浓度×所需稀释液量

例如:需配 0.5 波美度稀释液 100 千克,需 20 波美度原液和水量为:

原液需用量=0.5÷20×100=2.5(千克)

即需加水量=100 千克-2.5 千克=97.5(千克)

(2) 稀释倍数法

稀释倍数=原液浓度÷需要浓度-1

例如:欲用 25 波美度原液配制 0.5 波美度的药液,稀释倍数为:稀释倍数=25÷0.5-1=49。即取一份(重量)的石硫合剂原液,加 49 倍重量的水混合均匀即成 0.5 波美度的药液。

3. 注意事项

(1)熬制石硫合剂时必须选用新鲜、洁白、含杂物少而没有风化的块状生石灰;硫磺选用金黄色、经碾碎过筛的粉末,水要用洁净的水。

(2)熬煮过程中火力要大且均匀,始终保持锅内处于沸腾状态,并不断搅拌,这样熬制的药剂质量才能得到保证。

(3)不要用铜器熬煮或贮藏药液,贮藏原液时必须密封,最好在液面上倒入少量煤油,使原液与空气隔绝,避免氧化,这样一般可保存半年左右。

(4)石硫合剂腐蚀力极强,喷药时不要接触皮肤和衣服,如接触应速用清水冲洗干净。

(5)石硫合剂为强碱性,不能与肥皂、波尔多液、松脂合剂及遇碱分解的农药混合使用,以免发生药害或降低药效。

（6）喷雾器用后必须喷洗干净，以免被腐蚀而损坏。

（7）夏季高温（32℃以上）期使用时易发生药害，低温（4℃以下）时使用则药效降低。发芽前一般多用5波美度药液，而发芽后必须降至0.3～0.5波美度。

二、波尔多液的配制及使用方法

波尔多液是用硫酸铜和石灰加水配制而成的一种葡萄园经常使用的预防保护性的无机杀菌剂，一般现配现用。主要在病害发生以前使用，它对预防葡萄黑痘病、霜霉病、白粉病、褐斑病等都有良好的效果，但对预防白腐病效果较差。

1. 配制方法

在葡萄生长前期多用200～240倍半量式波尔多液（硫酸铜1千克，生石灰0.5千克，水200～240千克）；生长后期可用200倍等量式波尔多液（硫酸铜1千克，生石灰1千克，水200千克），另加少量黏着剂（10千克药剂加100克皮胶）。配制波尔多液时，硫酸铜和生石灰的质量及这两种物质的混合方法都会影响到波尔多液的质量。配制良好的药剂，所含的颗粒应细小而均匀，沉淀较缓慢，清水层较少；配制不好的波尔多液，沉淀很快，清水层也较多。

配制时，先把硫酸铜和生石灰分别用少量热水化开，用1/3的水配制石灰液，2/3的水配制硫酸铜，充分溶解后过滤并分别倒入两个容器内，然后把硫酸铜倒入石灰乳中；或将硫酸铜、石灰乳液分别在等量的水中溶解，再将两种溶液同时慢慢倒入另一空桶中，边倒边搅（搅拌时应以一个方向，否则易影响硫酸铜与石灰溶液混合和降低药效），即配成天蓝色的波尔多液药液。

2. 注意事项

（1）必须选用洁白成块的生石灰；硫酸铜选用蓝色有光泽、结晶成块的优质品。

（2）配制时不宜用金属器具，尤其不能用铁器，以防止发生化学反应降低药效。喷雾器用后，要及时清洗，以免腐蚀而损坏。

（3）硫酸铜液与石灰乳液温度达到一致时再混合，否则容易产生沉降，降低杀菌力。

（4）药液要现用现配，不可贮藏，同时应在发病前喷用。

（5）波尔多液不能与石硫合剂、退菌特等碱性药液混合使用。喷施石硫合剂和退菌特后，需隔 10 天左右才能再喷波尔多液；喷波尔多液后，隔 20 天左右才能喷施石硫合剂、退菌特等农药，否则会发生药害。

（6）波尔多液是一种以预防保护为主的杀菌剂，喷药必须均匀细致。

（7）阴天、有露水时喷药易产生药害，故不宜在阴天或有露水时喷药。

参考文献

1. 王少敏. 果树套袋栽培配套技术. 北京：中国农业出版社, 2007
2. 王蜀. 果树套袋技术. 昆明：云南人民出版社, 2008
3. 许林兵，潘建平. 南方果树套袋栽培技术. 北京：中国农业出版社, 2010
4. 王忠跃，刘崇怀，孙海生，陈锦永. 葡萄套袋栽培. 北京：中国农业出版社, 2008
5. 许邦丽. 果树栽培技术（南方本）. 北京：中国农业大学出版社, 2011
6. 杜国强等. 图解苹果整形修剪. 北京：中国农业出版社, 2010
7. 贾永祥等. 图解梨整形修剪. 北京：中国农业出版社, 2010

内容简介

果实套袋栽培技术是当前生产高档果品的重要措施之一。套袋可促进果面着色、增进果面光洁、预防病虫害、降低农药残留,提高市场竞争力、增加农民收入,具有重要的现实意义。

本书从春季农事操作开始,讲述了对苹果、梨、桃、石榴、猕猴桃、葡萄、柑橘、芒果、香蕉、荔枝十种果树,如何"套"作优质水果。可供广大果农、果树技术人员及相关人员实际操作前阅读参考。